悩ましい翻訳語

科学用語の由来と誤訳

垂水雄二

八坂書房

はじめに

いい翻訳者の条件はまず語学力で、これは原語（主として英語）と日本語の両方に言える。だが、もともと生物学が専門である私に語学のウンチクを傾ける資格はないし、翻訳一般についてどうこう言えるほどの能力もない。しかし、専門書の翻訳に関しては、もう一つ条件がある。それは書かれている内容についての理解で、ことに自然科学書の翻訳の場合には、必須の条件になる。

どんな英語の達人でも、物理学の基礎知識がなければ量子力学の本を翻訳することはできない。分子生物学のイロハを知らなければ、遺伝学書の翻訳はできない。そうした知識の欠如がもっとも端的に表れるのが、訳語の選択である。それについては、私にも少しばかり、言うべきことがある。

訳語の選択は異文化コミュニケーションの根幹にかかわるもので、歴史的にも漢語から日本語への翻訳に際して、多くの先人を悩ませてきたにちがいない。しかし西洋語から日本語の翻訳は、言語学的・文化的な背景がまるで異なるため、さらに大きな困難がともなう。

西洋語から日本語への翻訳における訳語の問題について本格的に論じた最初の人物は、おそらく杉田玄白であろう。彼は『解体新書』の凡例において、翻訳・義訳・直訳の三つを区別している。現代風に説明すれば、（1）「翻訳」：原語に対応する日本語がすでにある場合にそれを当てること。（2）「義訳」：対応する日本語がないので、意味の上で適切な日本語をつくってそれを当てること。現代の意訳に当たる。（3）「直訳」：適当な造語がむつかしい場合に、原語の音をとりあえず当てておくこと。現代で言えば音訳に当たる。この三つのそれぞれの場合に、誤訳ないしは不適切な訳語が生じうる。

まず（1）だが、雨、雪、鳥、魚のように、世界中どこにでも普遍的に存在する事象や概念の場合には大きな問題もないが、外国と日本で様態が著しく異なるものを翻訳する場合には、本当に対応しているかどうかの確認が必要になる。たとえ近い日本語があっても辞書に頼って安直に当てはめるのは誤りのもとである。

たとえば、動植物の名前がそうで、『聖書』の日本語訳には、ナツメヤシを「しゅろ（棕櫚）」、オリーブを「かんらん（橄欖）」、バッタを「いなご（蝗）」にするといった誤訳が散見される。イメージを捉えやすくするために、日本にある似たものの名を当てておくというのは一つの考え方だが、実際のものはまるで姿形が異なる場合があるので、注意が必要である。たとえば漢字の麒麟とキリンは音こそ同じだが、まったくちがう動物である。

名前の類似に頼った翻訳が陥る落とし穴で、いちばん怖いのは単純な形容詞と動植物名の組み合わせだ。本書でもいくつかの例を取りあげたが、sea lion は海のライオンなどではけっしてなく、アシカのことだったりするから油断がならない。慎重に調べて文脈にあった動植物名を探しださなければならない。

エラリー・クインの国名シリーズに、『ニッポン樫鳥の謎』（原題は The Door Between で、本当はこのシリーズの作品ではなかったが、翻訳出版社が無理矢理こじつけたらしい）という邦訳題のついたものがある。このニッポン樫鳥とはなんのことかと、原文にあたってみると、Loo-choo kashi-dori で、kashi-dori は jay のことだと述べられている。

直訳すれば、琉球樫鳥だが、姿形についての描写からすると、これは奄美大島にのみ生息する固有種ルリカケスのようである。国名シリーズであるからニッポンとつけざるをえなかったのだろうが、ニッポン樫鳥は正しくは、ルリカケスのことだった。ちなみに樫鳥というのは、樫の実を好んで食べることからきているらしい。動植物名の翻訳には、こうした面倒くさい検証が必要になる。

一つの単語に複数の意味があるときには、状況に応じてもっとも適切な訳を選ばなければならない。たとえば、glass（ガラス）の複数形 glasses が眼鏡を指すことはよく知られているが、望遠鏡や顕微鏡を意味することもあるので、場合によっては眼鏡と訳すと誤訳になる。

次に（2）だが、生物学にかぎらず、近代的な学術用語はほとんどが外来語で、先人たちが苦労して、うまい日本語をつくってきた。生物学（これも biology の翻訳）の分野では、cell の細胞、

gene の遺伝子、ecology の生態学といったものはみなそうである。

ここで、問題になるのは、本当に適切な造語であるかどうかだ。本書で、いくつか不適切と思われる訳語の例を取りあげたが、特定の学問分野で、仲間内でしか通じないような奇妙な訳語が定着してしまっているのは頭が痛い。また同じ言葉が分野にまったく異なる訳語をもっているのも困ったことだ。

哲学者は metaphysics に形而上学という訳語を当て、physics には、そのもとになるものという意味で、形而下学を当てる。しかし自然学分野では physics は物理学（古くは自然学）のことである。

英語で読めば、哲学と科学の関係（もともとは、アリストテレスの著作が編纂されたときに、physics［自然についての著作］の巻の後ろに収録された表題のない著作群を、「physics の後にくる著作群」という意味で meta-physics と呼んだのが起源で、たまたまその内容が自然法則の後ろ、すなわち根拠や基礎を探るものであったところから、この呼び名が定着したとされている）が、おおよそ見当がつくのに、形而上学と物理学ではさっぱり結びつかない。

自然科学と哲学の関係は、形而上と形而下というような上下関係にあるわけではなく、位相が異なるだけなのである。自然科学者が哲学のことにでしゃばるなと言われるかもしれないが、理学博士も英語では doctor of philosophy と呼ばれるのだから、哲学に口を挟む資格があるはずだ。

形而上学は明治時代に井上哲次郎がつくった言葉で、それなりに根拠のある訳語だったが、現代日本人には、哲学の知識なしにほとんど意味が通じないだろう。

アリストテレスの著作について云々するのでないかぎり、「純正哲学」や単なる「哲学」という訳語で十分に用をなすように思えるのだが、いかがなものだろう。専門家の意見が聞きたいものである。もし現代の西洋哲学者が、はじめてこの訳語をつくるのだとしたら、「メタ自然学」とでもするのではないだろうか。

最後に（3）だが、原語と日本語が厳密に一対一で対応することはまずないので、翻訳すると、かならず多少の意味のズレが生じる。そのズレを嫌がる人は、厄介な概念はすぐにカタカナにしてしまう。データやアイデンティティのような概念は、中途半端な訳語をつくるよりは、カタカナ表記にするのが無難かもしれない。

しかし、近頃ではシンプルやスリムなど、適切な日本語がいくらでもあるような言葉までカタカナにする傾向は、日本語のために好ましいとは言いがたい。幕末から明治にかけての先人たちが苦心惨憺して適切な訳語をつくりだした努力を思えば、もう少し工夫してもいいのではなかろうか。ＤＮＡやＭＲＩなどのように、翻訳すればあまりにも冗長になるものは、きちんと理解したうえで、略語を使うのもやむをえない。

カタカナ表記にも、英語読み、ドイツ語読み、フランス語読み、ラテン語読みが混在するという問題がある。とくに医学・生物学の用語にはその傾向が強い。それぞれ歴史的な事情があるので、ひろく通用しているものを認めるしかない。

人名の表記も、現地音主義を原則としても、帰化した人の扱いをどうするべきかなど、悩ましい問題がある。またギリシア・ローマ人名などは、ジュピター（ユピテル）やアレクサンダー（アレクサンドロス）大王のように、英語読みが流通してしまっているために、現地音主義で押し通しにくいものもある。

私は、最初は編集者として、のちには翻訳者として、主として生物学を中心とする翻訳啓蒙書の出版にながらく携わってきた。そのなかで不適切な訳語の例に（自分自身が犯した誤りを含めて）数多く遭遇した。そうした経験を踏まえて、主として生物学の視点から、翻訳語にまつわる問題点をまとめてみたいと思うようになった。

本書の目的は、他人の誤訳や失敗をあげつらうことではなく、一つの訳語決定の背景にどれだけ面倒な問題があるかを知ってもらいたいという思いで、半ば、翻訳者の自己弁護でもある。

多岐にわたる、かなり異質な話題が含まれているので、どういう組み立てにすれば、多くの読者に受け入れてもらえるか、ない知恵を絞って考えたすえ、類似した問題を抱える訳語をまとめて、いくつかの章にすることにした。

各章の中身は個別の訳語をめぐるウンチク話が中心になっているので、読み物として楽しんでいただけると思う。気楽に読んでいただいたうえで、自然科学書の翻訳を目指す人にとって、少しでも参考になるところがあれば望外の喜びである。

悩ましい翻訳語　科学用語の由来と誤訳／目次

5章　進化論をめぐる思い違い　97
自然選択 natural selection／天変地異説 catastrophism／恐竜 dinosaurus
藍藻 blue-green algae／類人猿 ape／優生学 eugenics
利己的な遺伝子 selfish gene

6章　心理学用語の憂鬱　123
統制群 control group／両面価値 ambivalence／刻印づけ imprinting
汎化 generalization／性同一性障害 gender identity disorder／認知症 dementia

7章　生物学用語の正しい使い方　141
警戒色 warning color／神人同形同性説 anthropomorphism
草食動物 herbivore／内婚 interbreeding／動物群 fauna／二倍体 diploid
変身 metamorphosis／抗生物質 antibiotics

8章　悩ましきカタカナ語　167
キューティクル cuticle／ビタミン vitamin／ウイルス virus／ホモ homo
マニュアル manual／ロイヤル・ソサエティ The Royal Society

あとがきに代えて——和名考など　187

参考文献／索引／著者紹介

1章　イヌも歩けば誤訳にあたる

動植物の英名で、ふつうの名詞に形容詞がついたものは要注意で、その生物を形容しているのではなく、特定の種を指していることが多い。

たとえば、great white shark は大きな白いサメではなく、ホオジロザメという特定の種を表しているという具合である。そうした例は無数にあり、きちんと調べる労を怠ると誤訳が生まれることになる。本章の前半では、典型的な例のいくつかを取りあげてみよう。

また、動植物の多くは特定の地域にのみ生息するので、外国産のものを日本語に翻訳するときには、注意が必要である。文学などでは、イメージを伝えるために、日本に産する類似の動植物名を当てることがよくある。方便として許容される場合もあるだろうが、ときには、まるで異なった姿形や生態をもつ生物名が当てられていて、その生物について多少とも知識のある読者は違和感を覚えることになる。本章の後半では、そうした動物名の例をあげてみた。

アフリカ野生犬　African wild dog

いまはもう絶版になっているが、副題に「アフリカ野生犬の物語」とついた本が出版されたことがあった。もちろん、これはとんでもない誤訳である。正しくはリカオンというイヌ科の動物で、けっして野生犬ではない。

和名のリカオンは、一八二〇年にオランダの博物学者テミンク［一七七八－一八五八］がつけた学名 *Lycaon pictus* からきている。これはギリシア語で「まだら模様のオオカミ」という意味で（リカオンの保護運動に携わっているグレッグ・ラスムッセンは、英名の African wild dog は上記のような誤解を招きやすいので、学名に対応した painted dog に変えるべきだと主張している）、テミンクはリカオン（ギリシア語ではリュカオン）という名詞をオオカミに似たイヌ科の動物という意味で、属名に採用したのである。

リカオンの名は、ギリシア神話に由来する。いくつかの異本があるが、その一つでは、初期のアルカディアの王の一人にリュカオンがおり、その民はオオカミを神として崇め、人間の生け贄を捧げ、捧げた生け贄の肉を食べるとオオカミのようになれると信じていたとされる。

ゼウスがこの地を訪れたとき、リュカオンは自らの習慣にしたがって人肉を供したところ、ゼウスの逆鱗にふれ、オオカミに姿を変えられたという。この神話から、リュカオンがオオカミと同一視されていたことがうかがえる。ちなみに、星座で、日本では沖縄あたりでしかよく見えない南の空にあがるケンタウルス座のとなりに位置するオオカミ座は、ゼウスによって変えられたリュカオンの姿だと言われている。

リカオンは、かつてはサハラ砂漠以南のアフリカにひろく生息したが、現在では人間による駆除狩猟と伝染病《ジステンパー》のために個体数が減少し、絶滅が危惧されている。hunting dog という別名があるように集団で狩りをし、シマウマやヌーのような大型草食獣も餌食にする。その社会はイヌ科のなかでも特異で、父系的な群れからできている。

産まれた子供のうち、息子だけが群れにとどまり、娘は一～二年後に群れを離れて、血縁のない他の群れに加わるのである。群れの大きさは数十頭で、なかにはもちろん複数の雌がいるのだが、子供を産むのはふつう順位のいちばん高い雌だけで、その子供を、雌雄を問わず、群れの全員で育てる。

イヌ科だから dog と呼ぶのは当たり前と思うかもしれないが、標準的な英名に dog がつく種は、わずかしかいない。イヌ科には三十数種の動物がいるが、その半分以上はキツネで、ほかはオオカミ、コヨーテ、ジャッカルなどであり、それぞれ固有の英名がある。

本物のイヌを別にすれば、dog と呼ばれるのは、リカオン以外に、ヤブイヌ（bush dog）とタヌキ（raccoon dog）くらいしかいない。ただし、リス科のプレーリードッグ（prairie dog）のように、鳴き声が似ているだけで、まったく関係のない動物に使われることもあるので、安心できない。

これに対してネコ科の方は、全種数はイヌ科とほぼ同じようなものであるが、そのほとんどが、英語で wild cat と呼ばれるヤマネコ類で（念のために言っておくと、wild dog および wild cat が野良犬、野良猫という意味で使われることはもちろんあり、文脈によって判断するしかない。自然史的な文脈で wild cat が出てくればヨーロッパヤマネコを指していることが多い）、残りがライオン、トラ、ヒョウ、ジャガー、ユキヒョウ、ウンピョウ、チーターの七種である。ヤマネコ類が体の大きさから小型ネコ類と総称されるのに対して、これら七種は大型ネコ類と呼ばれる。

英国のＢＢＣテレビに Big Cat Diary というドキュメンタリー番組があったが、これは、数年にわたってライオン、ヒョウ、チーターなどの家族を映像で追ったものである。このように、英語ではライオンやトラを指して、big cat と呼ぶのはごくふつうのことなのだ。

英語の文章を読んでいて、さっきまでライオンの話をしていたのに、突然 the cat と書かれていると面食らうこともあるが、まちがっても、アフリカの大草原を大きなネコが闊歩しているなどと考えてはいけないのである。

ギニア豚　guinea pig

これが、実験動物のモルモットであることはよく知られているが、いまだに科学論文でギニア豚と訳して恥をかく研究者があとをたたない。実際に自分で飼育したことのない証拠である。テンジクネズミという和名もあるのだが、現在ではほぼモルモットに統一されつつある。近年では、さまざまな美しい色変わり品種がつくられ、ペットとして人気が高まっている。

ブタとはまったく関係なく、どちらかと言えばヤマアラシ類に近いテンジクネズミ科の齧歯《げっし》類である。pig と呼ばれているのについては、体つきがブタに似ているからという説と、原産地の南米では食用に飼育されていて、味がブタに似ているからという説がある。

guinea の由来についても二説があり、一つは英国にはじめてこの動物が持ち込まれたとき、アフリカ経由の船で来たので、アフリカ産であることを示すためにギニアとつけられたという説。もう一つは、原産地のギアナ高地のギアナ（Guiana）が訛ったとする説である。

和名のモルモットについては、ヨーロッパ人がモルモットをリス科のマーモットとまちがえて、その呼び名がオランダ人を経由して日本にマルモットとして伝わり、さらに転じてモルモットになったという説が有力である。

日本における最初のモルモット記載例として、山本亡羊《ぼうよう》著『百品考』(一八四七年刊)第二編(巻下一七、一八頁)の、「天保一四年発卯の年オランダ持渡る。蛮名モルモット。漢名赤兎。和名ベニウサギ」という記述がよく引用されるが、そこに描かれている絵は、胴体を除けばモルモットとはまるで似ていない想像図である。

田中利男氏の「モルモットの話」(『日動協会報』三七)によれば、国会図書館蔵のこの本の欄外の匿名の書き込みは、明らかにアルプスマーモットの説明になっているという。しかし寛保(一七四一年)から嘉永年間(一八五四年)まで長崎に渡来した珍しい動植物を描いた「唐蘭船持渡鳥獣之図」(慶応義塾図書館蔵)には、天保一四年に渡来したモルモットの絵があり、こちらはまぎれもない guinea pig である。

もう一つ guinea のつく動物で有名なのは guinea fowl(雌の場合は guinea hen)、すなわちホロホロチョウである。これはその英名の通り、原産地が西アフリカのギニア(およびその周辺)である。和名の由来は定かではなく、鳴き声からきたという説がまことしやかに書かれているが、実際の鳴き声はニワトリに近く、「ホロホロ」にはほど遠い。

磯野直秀氏の『明治前動物渡来年表』には、文政二(一八一九)年にオランダ船がはじめてポルポラアト鳥(ホロホロチョウ)を持ち込んだとあり、また江戸時代最高の鳥類図鑑と言われる堀田正敦《まさあつ》[一七五五-一八三二]の『禽譜《きんぷ》』(一七九四年に着手され一八三一年に完成)にも、蘭名ポルポラアトとしてホロホロチョウの絵が描かれている。したがって、「ポルポラアト」→「ほろほろあとり」→「ほろほろてう」と転訛したという説がいちばんありそうである。

『旅の夜風』という歌謡曲に「泣いてくれるなほろほろ鳥よ」とあるが、作者の西条八十はこれについて、『唄の自叙伝』のなかで、琵琶歌の「石童丸」の「ほろほろと鳴く山鳥の声聞けば」からヒントを得たと述べている。したがって、こちらはヤマドリのことである。素人の当てずっぽうだが、こちらの「ほろほろ」は、擬声語ではなく、悲しげ、騒がしげな鳴き声の擬態語にすぎないのではないだろうか。

ホロホロチョウは古代から食用として珍重され、中世のヨーロッパへはトルコ経由で輸入されたので、はじめは英名で turkey（トルコ産）と呼ばれていたが、のちにこの英語が新大陸産のシチメンチョウを指すことになったために、輸出地のギニアにちなんで、guinea fowl と改称されることになったらしい。

編集者時代、ある人類学の本の翻訳を担当したとき、翻訳者の先生がギニア鶏と訳してきたので、ホロホロチョウであることを指摘した。すると、プライドを傷つけられたらしい先生はいたく立腹され、「理系の人は瑣末なことにこだわるから嫌だ」とおっしゃった。「しかし、人類学者が動物名を瑣末なことと言ったらおしまいでしょう」と、私は腹の中で、呟いたものだった。

もう一つ guinea worm（メジナ虫またはギニア虫）というのもあり、これは人間の足の皮膚の下に寄生する怖ろしい線虫で、飲料水に混入するケンミジンコに寄生した幼虫から感染する。西アフリカを中心に、インド、中近東に生息する。

『旧約聖書』の「民数記」に「主は炎の蛇を民に向かって送られた。蛇は民をかみ、イスラエルの民の中から多くの死者が出た」（新共同訳、二一章六節）にある炎の蛇は、このメジナ虫のことだろうと推定されている。

ミバエ　fruit fly

生物学の啓蒙書の翻訳で、「ミバエを使った実験では……」という文章を、たまに見かけることがある。fruit fly をミバエとするのは辞書にも載っているし、一般的にはかならずしも誤りとは言えない。この英名は、植物の実に寄生するという性質をもつ全世界で約四〇〇〇種、日本だけでも約一五〇種が知られているミバエ科のハエの総称である。

しかし、生物学、ことに遺伝学の実験材料になっている fruit fly は、ショウジョウバエ科という別のグループに属するハエである。この科にも世界で三〇〇〇種以上のハエが含まれるが、実際に実験動物としてひろく使われているのはこの科のただ一種、キイロショウジョウバエ *Dro-*

sophila melanogaster だけなのである。

研究の現場では単にショウジョウバエと言えば、この種のことを指す。したがって、冒頭のくだりは明らかな誤訳で、「ショウジョウバエを使った実験では……」と訳さなければならない。ショウジョウバエのfruit flyという英名は、このグループのハエが腐りかけた果物や、発酵食品に好んで寄ってくるところからきたもので、wine fly（酒ハエ）、vinegar fly（酢ハエ）、pomace fly（リンゴの絞りかすハエ）といった異名もある。

和名のショウジョウはこの酒との結びつきと赤い眼をもつことから、「赤い顔をして酒を飲んで舞う能の猩々《しょうじょう》」にたとえたものである。いずれにせよ、生物学の啓蒙書でfruit flyが出てくれば、ほとんどの場合、ショウジョウバエのことと考えていい。

同じ英名がちがう動物を指す、似たような例にハダカデバネズミ naked mole rat がある。最近になって、その特異な社会生活で一躍有名になった哺乳類であるが、その名前も姿もなかなか風変わりである。このネズミはハダカ（naked）という名の通り、成獣でも、生まれたてのハツカネズミと同じように毛が生えていない。土のなかに巣をつくって、モグラのように生活するのでmole ratという英名がある。

なぜモグラネズミと訳さないのだと不審に思う人がいるかもしれないが、地中生活に適応したネズミはこの仲間だけでなく、mole ratと呼ばれるグループは世界中に三つ存在する。そのうちのモンゴルと中国に生息するグループにモグラネズミ亜科という名前が使われてしまっているのだ。

もう一つおもにロシア南部から地中海に生息するグループはメクラネズミ亜科と呼ばれ、残りの一つ、サハラ砂漠より南のアフリカにすむこのグループは、土を掘るための大きな鑿《のみ》のような歯を突きだしている特徴をとらえて、デバネズミ科と呼ばれることになったわけだ。

ハダカデバネズミは、デバネズミ科のなかでも特異な存在で、一部の感覚毛を除いて体毛がない。それだけでなく、数十頭の群れで、まるでハチやアリのような社会をつくっているのである。集団のなかで、繁殖するのは一組の雌雄のペアだけで、残りの雄と雌はカースト（階級）に分かれている。

いちばん体が小さくて数の多いのが、働き蜂や働き蟻に相当する労働カーストで、トンネルを掘り、餌を運び、巣をつくるといった仕事をしている。それより少し体の大きいのが非労働カーストで、ほとんどは巣のなかで繁殖雌（女王に相当する）のそばですごすが、いったんことがあれば、巣の防衛に携わると考えられている。産まれた赤ん坊は、集団すべての個体から世話を受け、母親は授乳するだけである。

また栄養補給として、赤ん坊は大人たちの糞を食べる。繁殖にかかわらない個体も潜在的には繁殖能力をもつことが実験的に確かめられていて、おそらく繁殖雌の尿に含まれるフェロモンが、他の個体の繁殖活動を抑制しているのだろうと考えられている。

イナゴ　locust

「いなご」は日本語訳の『聖書』にたびたび登場し、なかでも有名なのは、『出エジプト記』の一節だろう。エジプトからの脱出を求めるモーセの要求を拒むファラオに対して、神が与える一〇の災厄の一つとして、こう書かれている。

「もし、あなたがわたしの民を去らせることを拒み続けるならば、明日、わたしはあなたの領土にいなごを送り込む。いなごは地表を覆い尽くし、地面を見ることもできなくなる。そして、雹《ひょう》の害を免れた残りのものを食い荒らし、野に生えているすべての木を食い尽くす」（新共同訳、一〇章、四〜五節）。

残念ながら、厳密に言えば、これは誤訳である。英訳『聖書』では locust となっているのだが、この単語は、バッタ類を指すものであって、イナゴではない。

『聖書』には多数の動植物がでてくるが、学名などが成立するはるか以前に書かれたものなので、正確なところどの生物を指しているのか、判断がむずかしい。幸いにして、西洋には聖書生物学のすぐれた伝統があり、膨大な文献学的研究が蓄積されている。その成果の一端は、たとえば、藤本時男氏の訳業、『聖書動物大事典』および『聖書植物大事典』によって知ることができる。『聖書動物大事典』で、locust の項を読んでみれば、それが、現在のアフリカトノサマバッタないしはサバクトビバッタのことであると記されている。これらのバッタはふだん単独生活をしているが、幼虫世代の個体群密度が高くなると、相変異という現象が起きて、飛翔能力にすぐれた群生相に変わる（最近、神経伝達物質のセレトニンがこの変化の引き金になっていることがわかった）。

群生相のバッタは大集団をなして移動し、その通り道にある田畑に壊滅的な被害を与える。これを中国では飛蝗《ひこう》と呼んでいる。トノサマバッタもこの仲間で、明治時代の北海道などで飛蝗の例がごく少数知られているものの、ふつう日本では群生型のバッタはめったに見られない。そのため、中国の知識を移植した日本では、「蝗」の字を、しばしば大発生してイネを害するイナゴ（稲子）やウンカ（雲霞、浮塵子）の類であると解釈した。農学史家の小西正泰氏によれば、日本の農書に出てくる「蝗」はおおむねウンカ類を指しているという。

明治時代にプロテスタント諸派が和訳『聖書』をつくるために翻訳委員会を組織したが、翻訳作業の中心メンバーの一人は、ローマ字表記の父、J・C・ヘボンだった。ヘボンが時間の節約のためにすでにあった漢訳『聖書』からの転訳をもとにしていたことは、海老沢有道《ありみち》の『日本の聖書――聖書和訳の歴史』に証拠が示されている。

漢訳で locust が「蝗」とされたのは当然で、この「蝗」に対して、ヘボンは日本での使われ方をもとに「いなご」という訳語を当てたものと思われる。実際に、ヘボン自身が編纂した最初の本格的な和英辞典『和英語林集成』（初版は一八六七年、二版および三版はそれぞれ一八七二年と八六年。そもそもこれをつくったのは、聖書翻訳作業に活用するためだった）の二版および三版の「inago（イナゴ、蝗）」の項には「a kind of insect that infests rice field : a locust」とあり（初版では単に a locust とだけ）、蝗をイネの害虫と理解していたことがわかる。かくして、locust＝イナゴという誤訳が生まれ、定着してしまったのであろう。

英語の locust は、もう一つ厄介な事情を抱えている。バッタ類のほかにセミの意味もあるのだ。米国には俗に周期ゼミと呼ばれる一七年および一三年という周期で大発生するセミがいて、発生時には膨大な数のセミが一斉に鳴くので、ものすごい音になるという。この locust をバッタと翻訳してしまえばとんでもないことになってしまうのはおわかりだろう。ところが、それに近いことが『イソップ物語』の翻訳で起こっていたのである。

勤勉の教訓を説く「アリとキリギリス」の寓話は誰でも一度は耳にしていると思うが、これは原典では「セミとアリたち」という話だった。夏のあいださんざ鳴きわめいていたのに、冬に尾羽打ち枯らすというのは、いかにもセミにぴったりである。ところが、いつのまにかセミがキリギリスに化けてしまった。ただし、この変身は日本語への翻訳の際に起こったことではない。

ことの次第は、奥本大三郎氏の『虫の宇宙誌』にくわしく述べられているが、北ヨーロッパにはセミがいないので、ラテン語から翻訳する際に、コオロギやキリギリスに置きかえられてしまったということらしい。

日本人の感覚からすれば、セミとキリギリスをとりちがえるなどありえない話だが、西洋人にとっては、どちらもただの「虫」にすぎず、たいしたちがいとは思わなかったようだ。

同じ単語がまるでちがう動物を指すという点では、dolphin のことにも触れておかねばならない。ふつうはイルカと訳してなんの問題もないように思えるが、英米文学では魚のシイラ（ハワイではマヒマヒと呼ばれる高級魚）を指すことが多い。どちらも海の動物なので、まちがいやすいが、海釣りをする人にとってはドルフィンと言えばシイラのことで、ドルフィン・ツアーは、イルカ観光だけでなく、シイラ釣り行の場合もあるのだ。

シイラに関して特筆すべきは、釣り上げられた瞬間に黄金色に輝くことで、そこから dorado（黄金色の魚）という別名もある。しかし釣り上げてしばらくするとたちまち鮮やかな色を失い、くすんだ銀灰色に変わってしまう。詩人のバイロンはこのシイラの体色変化を落日の太陽のきらめきにたとえている。

ヘミングウェイの『老人と海』にもシイラ釣りの場面があり、残照を浴びて黄金色に光るさまが描写されている。この本の初期の翻訳では、シイラがイルカと訳されていて、末広恭雄博士の指摘で訂正されたという逸話が伝わっている。

ロビン　robin

これは『マザー・グースの唄』に出てくる「誰がコック・ロビンを殺したか」のあのロビンのことである。この唄は非常に有名で、ヴァン・ダインの『僧正殺人事件』は、この童謡の歌詞に対応しながらストーリーが展開していく。

北原白秋がこれを訳していて、冒頭の一行を「誰《だアれ》が殺した駒鳥の雄を」としている（コックは鳥の雄を指す）。ロビンは日本のコマドリとは別種だが、同じ属の近縁種だから、北原の訳は適切だろう。

標準和名はヨーロッパコマドリ（日本でも迷鳥としてまれに見られる）だが、それでは唄にならない。ただ、英国のロビンは胸赤（redbreast）という異名をもつように、顔から喉、下胸にかけて赤橙色をしているのに対して、日本のコマドリは胸の上は赤橙色だが下胸はそうではなく、喉赤とは言えても、胸赤とは言いがたい。そういう意味で文学などでは、単にロビンと呼ぶ方がいいのではないかと思う。

この唄の原形は一四、一五世紀に成立したと考えられているが、それが一八世紀あたりに急速にひろまるのは、ロビンの愛称をもつ宰相ウォールポールの失脚と結びつけられたという説があるし、時代はさかのぼるがロビン・フッドとの連想も無視できないだろう。いずれにせよ、ロビンには多くの含意があるので、ヨーロッパコマドリであることを踏まえつつ、ロビンと訳すことを推奨したい。

ただし、英国人にとってロビンはあまりに強く郷愁を誘う鳥なので、世界の各地に移り住んだイギリス人が、胸の赤い小鳥にやたらにロビンをつけている。英国以外で出てくるロビンには注意しなければならない。

たとえば American robin（コマツグミ）、black bush robin（クロヤブコマ）、starred robin（シラボシヤブコマ）、black-backed robin（インドヒタキ）、pale yellow robin（キアシヒタキ）、yellow-bellied robin（カレドニアキバラヒタキ）、white-browed robin（マミジロヒタキ）といった具合である。

余談だが日本のコマドリ（Japanese robin）の学名は *Erithacus akahige* で、この鳥と非常によく似ているが、顔から喉にかけての赤橙色が黒色になっているアカヒゲ(Ryukyu robin)という鳥の学名は *Erithacus komadori* なのである。ごらんの通り、種小名が完全に入れ替わってしまっているのだ。これは命名者テミンクの勘違いが原因だが、学名は厳密な規約があるのでいったんつけられると、たとえまちがっていても簡単には訂正できないのである。

『マザー・グースの唄』には、ほかにもいろんな鳥がでてくる。さきほどの「誰がコック・ロビンを殺したか」のつづきには、the Rook というのが出てくる。北原はこれを、白嘴鴉《しらはしがらす》と訳している。これは標準和名ではミヤマガラスであるが、その特徴が嘴の灰白色で、遠くからでも目立つことであるのを考えれば妙訳と言えなくもない。

また「六ペンスの唄」には blackbird が出てくる。北原訳は黒鶫《くろつぐみ》、谷川俊太郎訳は単に「つぐみ」となっている。標準和名はクロウタドリ（黒歌鳥）で、これなら訳詞に使ってもおかしくないはずだ。ついでながらドイツ文学者ロベルト・ムジールの短編 Die Amsel も「黒つぐみ」と訳されているが、これもやはりクロウタドリである（この小説には後述のナイチンゲールも出てくるが、こちらは小夜鳴き鳥ではなくナイチンゲールのままになっている。いずれにしても、これらの鳥はきわめて象徴的な存在なので、種名の正確さはたいした問題ではないが）。ただ、黒鶫がまずいのは、クロツグミという別種が日本にいることである。

谷川の「つぐみ」はおそらく黒鶫に引っ張られたのだと思うが、ツグミという種も日本に生息し、この鳥は体が黒くはないのでうまくない。総称としてのツグミ類と考えることもできるが、なにせ世界で三〇〇種以上もいるので、イメージを思い浮かべにくい欠点がある。

『マザー・グースの唄』には鳥以外の動物も登場する。「テン・リトル・ニガー・ボーイズ」は、一〇人いた黒人の子供が一人ずつ減っていくという唄で、日本では「テン・リトル・インディアンボーイ」と翻案されたものがよく知られている。アガサ・クリスティーの『そして誰もいなくなった』は、この唄にしたがったプロットから成り立っている。この唄の五番に bumle-bee がでてくるのだが、北原訳では、「蜂の巣いじってつい遊び、一人が熊蜂《くまんばち》に螫《さア》された」とある。これはマルハナバチの誤訳である。クマバチはふつう carpenter bee と呼ばれるが、bumle-bee という言い方もあるので、翻訳の際には注意が必要になる。

恐ろしいスズメバチ（英名は hornet）に姿が似ているうえに、スズメバチがクマンバチと呼ばれることもあるため、よく混同される。クマバチの名誉のために言えば、性質はおとなしく、たとえ刺されても死ぬことはない。ついでに言えば、リムスキー・コルサコフの楽曲「クマンバチの飛行」も本当は「マルハナバチの飛行」が正しい。

ほかに外国文学によく登場する鳥として、先にも触れたナイチンゲール nightingale がいる。美しい鳴き声の持ち主で、ブラウニング、ジョン・キーツやコールリッジが詩に詠っているし、オスカー・ワイルドやミルトンが小説の題材にしている。

日本の古い翻訳文学では声の美しさを伝えるために鶯《うぐいす》と訳されている例があるが、これも一つの考え方である。標準和名はサヨナキドリ（小夜鳴き鳥）で、なかなかに詩的なのだが、私の個人的な意見では現地名のナイチンゲールをとりたい。この鳥はツグミ科ノゴマ属（*Luscina*）の小鳥だが、日本には生息しないから、あえて新しい日本語をつくらず、現地読みをしておく方が、なにかと便利ではないかと思うからである。

一般に、アフリカ○○とかヨーロッパ○○という長ったらしい和名をつけるよりも、現地でひろく普及している言葉があれば、それを通称として採用するのは国際的な礼儀にもかなうのではないだろうか。

アイアイ、ヌー、カピバラといった呼称は、現地発音がそのまま英名、和名に採用されている例であり、最近のことでは、それまでピグミーチンパンジーと呼ばれていた類人猿が現地名を採用してボノボと改称されたのなどは、歓迎すべき事例である。

ウサギ　hare

北海道などに生息するナキウサギを別にして（科が異なる）、世にウサギと呼ばれるものに、hare（ノウサギ属）、rabbit（アナウサギ属）の大きく二種類があることを知らない人は意外に多い。ノウサギは単独性で、昼間窪地などに身を潜めていて、夜になると活動するので、警戒心が強く、体つきは全体的に大きいが、とくに耳と足が大きい。赤ん坊も産まれてすぐに眼が開き、毛も生えてくる。それに対してアナウサギ類は、その名の通り、土に穴を掘って群れで生活するもので、社会性があり、人間に慣れやすく、いわゆる飼いウサギはこちらを家畜化したものである。赤ん坊には毛が生えておらず、眼も開かず、しばらくたつまで、自力で歩くこともできない。というわけで、野生のアナウサギを野ウサギと翻訳するのは誤解のもとになる。

日本の野生ウサギはノウサギ類だが、アマミノクロウサギだけはちがう。原始的なタイプでそれだけで単独の属をつくっている。耳や足が短いなど、アナウサギ類に近い特徴をもつため、英名は Amami rabbit である。

英米文学に登場するウサギは、ほとんどがアナウサギで、その代表がピーターラビットである。いまやピーターラビットは単なる物語の主人公ではなく、さまざまな商品《グッズ》のキャラクターとして世界の市場を席巻している。

絵のモデルは飼いウサギのネザーランドドワーフと呼ばれる品種と考えられているが、物語に描かれている生活は、まぎれもなく野生のアナウサギのものである。一昔前に世界で五〇〇〇万部を売り、映画化までされたベストセラー小説『ウォーターシップ・ダウンのウサギたち』も当然ながら、rabbit である。ルイス・キャロルの『不思議の国のアリス』で案内役を務める白ウサギ（white rabbit）もアナウサギで、アリスはその巣穴に入り込んで、不思議の国に導かれるのである。

先日なくなった米国作家ジョン・アップダイクには『走れウサギ』などウサギもの四部作がある。こちらは Rabbit ではなく Rubbit で、主人公のハリー・アングストロームの渾名にすぎず、本物のウサギとは関係がない。

ノウサギも文学に登場しないわけではなく、『不思議の国のアリス』には、三月ウサギ（マーチ・

ヘア）というキャラクターも登場する。これはキャロルの時代の慣用句「三月のウサギのように気が狂っている」（mad as a March hare）に由来するもので、発情期のノウサギの雌の行動を指すものであった。

ノウサギでありながら、まちがって rabbit の名をいただいてしまったのが、jackrabbit ことジャックウサギである。ジャックウサギはアメリカの大草原にすむノウサギで、長い耳と足、大柄な体はまぎれもなく hare なのだが、どういうわけか rabbit と呼ばれている。

ジャックウサギの名を一躍有名にしたのは、マーク・トゥエインの『西部放浪記』である。その第三章に jackass rabbit として登場し、ロバ（jackass）のように長い耳をもっているからこう呼ばれるのだと書かれている。

『オックスフォード英語大辞典』によれば、のちに jackass が縮まって jack になったらしい。このジャックウサギは足の速いことで有名で、最高時速は六〇キロメートルを超え、三メートル以上ものジャンプもできる。シートンの『動物記』にも、狩猟犬との競走につねに勝ち、「軍馬」と呼ばれた俊足で勇猛なジャックウサギの物語が収められている。

文学に登場する動物の名が、実際の動物とちがっている二、三の例にもふれておこう。テレビのドキュメンタリー番組などで、アフリカの大草原を駆けるカモシカの群れといった表現をまれに耳にすることがある。これはまちがいで、アンテロープ類またはレイヨウ類と言わなければならない。このまちがいのもとは、ニホンカモシカに「羚羊」の字が当てられたことにある。もともとカモシカは毛が毛氈《もうせん》の素材として使われていたところから「氈鹿《かも》」と書かれていた。ところが、中国では漢方薬でサイガという広義のカモシカの一種の角が珍重され、「羚羊角《れいようかく》」と呼ばれていたため、ニホンカモシカにも「羚羊」の字が当てられることになったようである。

林語堂の定評ある『當代漢英詞典』でも antelope は「羚羊」となっており、また『和英語林集成』の kamoshika（羚羊）の説明に A kind of wild stag, antelope とある（antelope は羚羊だからいいが、stag はシカで、おそらくカモシカのシカに引っ張られたのであろうが、羚羊には含まれず、ここにも、概念の混乱がみられる）。

羚羊もアンテロープも、ウシ科のかなりひろい範囲の野生動物に適用されるが、漢字の羚羊がヤギ亜科のカモシカ類を含む総称であるのに対して、分類学におけるレイヨウ類（アンテロープ類）という枠組みにカモシカは含まれない。

カモシカは広義には、ニホンカモシカのほかにアジア産のサイガ、チルー、ターキン、南ヨーロッパからトルコまでに分布するシャモア、アラスカ付近に生息するシロイワヤギやジャコウウシといったヤギ亜科の一〇種ほどの動物を含むが、アフリカ産のものはいない。したがってアフリカのアンテロープをカモシカと訳すのは、明白な誤りなのである。よく知られていることだが、「カモシカのような脚」という表現もこの誤解に端を発するもので、その美しい脚の本当の持ち主は、ガゼル、オリックスやインパラなどのアンテロープ類であり、ニホンカモシカではない。ニホンカモシカはご存知のように山地にすむ動物で、けっしてしなやかな脚をもってはいないのだ。

もう一つの例は禿鷹《はげたか》である。多くの小説のタイトルになっているし、禿鷹ファンドなどというように、あくどい商売をする人間にレッテルとして貼り付けられたりもする。しかし、これはあくまで俗称であって、ハゲタカという鳥は存在しない。ワシとタカには厳密な区別はないので、ハゲタカという言い方は俗称としてそれほど的はずれではないが、日本鳥学会が標準和名としてハゲワシを採用しているのでいたしかたない。

禿鷹と訳されるのは英語の vulture（『當代漢英詞典』では複数の漢字が当てられているが、そのうち bald headed vulture は「兀鷹」と訳され、*Gyps fulvus* という学名がついている。この鳥の標準和名はシロエリハゲワシである。この場合も漢訳からの流用が誤訳の原因であった可能性がある）で、正しい和名は生息地によって異なる。

旧世界すなわちアフリカ、ヨーロッパ、アジアならばハゲワシ類、南北アメリカ大陸ならばコンドル類としなければならない。両者は頭から頸にかけて羽毛がないという外見上の類似をもつところから、同じ英語が使われるのだが、前者がタカ科に属するのに対して、後者はコンドル科をなすまったく別のグループなのである。

ついでに言えば、同じ英語が使われていても、いくつかの解剖学的な特徴から、コンドルはワシ・タカ類よりもコウノトリに近縁なのではないかという説があった。二〇世紀になって、遺伝子解析によってそれが裏づけられた。しかし、コンドルの分類学上の着地点はいまだに定かではない。

2章　草木もなびく誤りへの道

植物の名前にも、動物名と同じような誤訳に至る落とし穴が待ちかまえている。一つは形容詞と名詞の組み合わせが特定の種名を表す場合である。たとえば、box tree は箱の木ではなく、ツゲ属の木の総称であり、red wood は赤い木ではなくセコイア（*Sequoia sempervirens*）のことで、これとよく混同されるセコイアデンドロン（*Sequoiadendron giganteum*）は、giant sequoia と呼ばれるが、big tree という単純な言い方も使われるので、要注意である。

humble plant は、慎ましい振る舞いをする植物であるのは確かだが、オジギソウのことなのだ。しかし、植物名の誤訳でより重大なのは、風土による違いの方で、和訳の植物名が見当違いなものを指している場合が少なくない。以下にその例をいくつか取りあげてみよう。

樫の木　oak tree

英米文学の翻訳では、oak はほとんどの場合、樫《かし》と訳されてきた。しかしこれは誤訳である。

オークと訳しておくのが妥当で、どうしても日本語にしたければカシワかコナラくらいだろうか。oak はブナ科コナラ属（*Quercus*）の二〇〇種ほどの総称で、カシが含まれていないというわけでないが、少なくとも、ヨーロッパ文学に登場する oak のほとんどは落葉性のイングリッシュオーク（*Quercus robur*）で、カシとは似て非なるものである。

一般に oak は落葉性のコナラ亜属のものを指し、日本に生育するものでは、コナラ、ミズナラ、カシワ、クヌギなどがオークと呼べるものだ。カシは同じコナラ属でもアカガシ亜属で、常緑性で冬に落葉しないという決定的なちがいがある。

細かいことをうるさく言うなと文学者から叱られそうだが、冬のオークの森を思い浮かべるとき、樹木が落葉樹であるか、常緑樹であるかによって、そのイメージはまったくちがってしまうはずだ。

『ピノキオの冒険』を翻案したテレビアニメ『樫の木モック』は、オーク材の人形を念頭においているのだろうが、二重の誤訳のようである、なぜなら、ピノキオの pino はオークではなく、イタリア語でマツのことだからである。

オークはヨーロッパでは非常に貴重な材で、属名の *Quercus* はケルト語の quer（良質の）+ cuez（材）からきているのに対して、日本ではそれに当たる地位を占めるのが、カシ材である。ナラ材は木っ端扱いされ、おもに薪炭材にされていたので、明治期の翻訳者はオークをカシとすることになんの違和感もなかったのであろう。

oak＝樫という翻訳がいつ頃成立したのか、確かなことはわからないが、その普及に『聖書』の日本語訳が絡んでいる可能性は大きい。『聖書』の日本語訳はおもにギリシア語訳と英語の『欽定訳聖書』を典拠とし、漢訳『聖書』を参照しつつなされたようなのだが、その『欽定訳聖書』にはoakが「創世記」や「イザヤ書」など二十数か所出てくる。これらのoakは、現在の新共同訳では、すべて「樫の木」と訳されている。日本聖書教会が刊行している古い訳書（新約一九四五年刊、旧約一九五五年刊）でもすべて「かしの木」となっている。

『聖書』に出てくるoakはセイチガシ（*Quercus calliprinos*）のことらしく、これは常緑なので、樫と訳してもまちがっていない。この常緑のoak＝カシという訳が、英米文学におけるoakにも転用されたために、現在のような誤訳が生じたということのようである。

先にも触れたヘボンの『和英語林集成』（慶応三年、一八六七年刊）ではkashi（樫）がoakとなっている。しかし、これは漢訳からの借用ではなさそうである。

そもそも樫は中国の漢字ではなく、日本の国字なので漢訳に使われるわけがない。長崎大学付属図書館蔵の二冊の漢訳『聖書』（一八五九年に上海の墨海書館で刊行され、訳者不明となっているが、前後の事情からモリソン＝ミルン訳の改訂版と考えられるものと、同じく訳者不明とあるが、一八六三年上海美華書館刊行なので、ヘボンらが参考にしたブリッジマン＝カルバートソン訳と思われるもの）では、「橡」が使われている。また、メドハースト編著『漢英字典』（一八四四年刊）にもoak＝橡樹とある。

清水卯三郎《うさぶろう》という商人が万延元（一八六〇）年に著した実用英会話辞書『えんぎりしことば』では、オークに対して橡の字の日本語読みである「くのぎ」（クヌギの異名）が当てられ、明治五（一八七二）年に刊行された『改正増補英語箋』という英和辞書では、槲《かしわ》となっている。ヘボンらは、前記のような日本の用材事情をもとに橡に代えて、樫という字を当てたと思われる。そして、『聖書』の普及にともなって oak ＝ 樫という訳が確立し、のちの文学書における誤訳を生むことになったのであろう。

植物学者大場秀章氏によれば、和人が北海道に入植するまでは、北海道には各地に広大なミズナラ林があったという。開拓するために伐採された材ははじめのうちは薪炭材にされていたが、鉄道建設が進むにつれて、枕木として日本全国に輸出されることになった。

日清戦争のあと、ロシアが枕木の輸入先を北海道に求め、ミズナラ材は重要な輸出商品になり、アメリカにも輸出されるようになる。この輸出を扱っていた三井物産が英国に見本を送ったところ、これが良質なオーク材であると認められ（オークは樫であるという誤訳のために、商品価値の認識が遅れてしまったのである）、ようやくヨーロッパに輸出されることになった。本物のオークに比べて安価であったために、家具職人に好まれ、今日のアンティークの多くは、この材からつくられたものであるという。

ミズナラ材は Japanese oak と呼ばれ、海外で高く評価され、一九六〇年代までは、日本の木材輸出総額の約二〇パーセントをミズナラ材が占めていた。それ以後、外材との価格競争に敗れて、急激に衰退してしまったが、現在でも、国内でウイスキー樽の材料などに珍重されている。

植物は同じ属といっても、その土地によって姿形が大きく異なるので、安易に日本産の植物名を当てはめるのは危険である。同じようなまちがいは他にもいくつもあり、たとえば多くの辞書では、cedar にはヒマラヤスギやセイヨウスギという訳語が当てられている。

第二次世界大戦下における日系アメリカ人の悲劇を描いたデイヴィッド・グターソンの Snow Falling on Cedars というミステリー小説は、文庫翻訳本では『殺人容疑』というまるで素っ気ないタイトルだったが、工藤夕貴の主演で映画化されたときには、原題に忠実に『ヒマラヤ杉に降る雪』とされた。

しかし、舞台となったワシントン州オリンピック半島界隈（そこの原生林はオリンピック国立公園として保護されている）にはヒマラヤスギは生えておらず、ここでの cedar は、western red cedar、すなわちアメリカネズコ（米杉という異名もある）*Thuja plicata* のことであろう。『アメリカネズコに降る雪』では興ざめだから、『杉林に降る雪』くらいにとどめておけばよかった。

総称としての cedar は葉が鱗状のヒノキ科の針葉樹を指し、日本産のものではクロべ属、ビャクシン属のものが近いとされる。種名が特定できない場合には、やはりシーダーと訳しておくのが無難だろう。ちなみに『聖書』に出てくるシーダーは、ほとんどの場合レバノンスギである。

棕櫚　palm

これも、植物の地域差に無頓着なために生じたもう一つの誤訳の例で、日本語訳の『聖書』にたびたび登場する。古い版の日本語訳ではすべて「しゅろ（棕櫚）」と訳されていた（これもおそらく漢訳『聖書』から最初の日本語訳『聖書』をつくったときに生じた誤りであろう。林語堂の英漢辞典『當代漢英詞典』でも「棕櫚」は palm とされ、学名 *Trachycarpus excelsa* が併記されている。これはまぎれもなくシュロの学名だから、ここですでに誤っている。ちなみに「椰子」は coconut palm と訳されているが、これは coconut palm の誤植でココヤシのことであろう）。palm をシュロとするのが誤訳であることはつとに指摘されていて、幸い今度の新共同訳ではほとんどが、ナツメヤシに訂正された。しかし、いくつかまだ「しゅろ」が残っていて、たとえば「イザヤ書」の「それゆえ主は、イスラエルから頭も尾も、しゅろの枝も葦の茎も一日のうちに断たれた」（九章、一三節）や、「シラ書」の「エン・ゲディのしゅろのように」（二四章、一四節）といった文章がそうである。これらも正しくはナツメヤシとすべきものである。

palm はヤシ科の総称であるが、くだんの『聖書植物大事典』によれば、『旧約聖書』の舞台となる古代パレスチナ地方の代表的な樹木がナツメヤシだったのであり、そのことは、プリニウスの『博物誌』、タキトゥスの『歴史』、ストラボンの『地誌』などの古典にも記されているそうだ。

ナツメヤシはそもそも、メソポタミア地方から北アフリカにかけての地域の原産で、英名をdate palmという。このdateというのは果実《デーツ》のことで、この地方における主要な食品の一つであった。

シュロの方は、東アジアの特産種で、日本では九州地方に自生し、東北地方まで栽培されている。実は小鳥が好んで食べるが、人間の食用にはならない。ただし、腎臓病に効く漢方薬の原料として利用される。

谷間の百合　lily of the valley

これはユリ科の植物ではあるが、ユリとはまったく別種のスズランのことである。lily of the valleyは、ラテン語訳『聖書』にあるlilium convalliumを英語に直訳したもので、日本語版『聖書』では「野のゆり」と訳されている（新共同訳『旧約聖書』「雅歌」、二章一節）。これが実際にどの植物を指したかは不明であるが、『聖書植物大事典』によれば、*lilium chalcedonicum* というユリの一種である可能性が高いとされている。

聖書のことはともかく、一六世紀以降の西洋の植物学書では、どういう仔細があったのかは不明だが、lily of the valley はドイツスズラン（*Convallaria majalis*）を指す言葉になっている。ヨーロッパの文学に登場するのも、日本で観賞用に栽培されているのもこの種である。

日本の本州中部以北から北海道にかけての高地には別種のスズラン（*C. keiskei*）が自生している。可憐な花びらから受ける印象に反して、コンバラトキシンという有毒物質を含み、食べた場合には心臓麻痺などを引き起こし、ときには死をもたらす。毒は薬でもあるから、諸種の病気の薬や媚薬をつくるために、ヨーロッパの各地で栽培されてきた。

谷間の百合と聞けば、誰しもフランスの作家バルザック［一七九九－一八五〇］の同名の小説を思い浮かべる。原題のフランス語 Le Lys dans la vallée が、英訳版では、The Lily of the Valley となるから、これはスズランのことではないかという疑いが生じるのは当然だ。しかし、こちらは正真正銘のユリである。

ただし、実物のユリではなく、主人公の若者フェリックスが恋心を寄せるモルソフ伯爵夫人のことだ。伯爵の屋敷はトゥール近郊のクロシュグールドという谷間にあったから、夫人を「谷間のユリ」に喩えたのである。

実を言えばフランス語には、スズランを表すミュゲ（muguet）という別の言葉があり、それからしても、これはスズランではありえない。ちなみに、スズランには「聖母マリアの涙」という異名もある。十字架の前でマリアが流した涙からスズランが生えたという聖母伝説にちなむものである。

英語の植物名には、なかなか味わい深いものがある。たとえばムラサキ科の一年草ワスレナグサ（forget-me-not）で、和名も実にうまい翻訳と言える。名の由来については、いくつもの恋物語がそれぞれの国で語り伝えられているが、本家はドイツで、ドイツ語の Vergiss-mein-nicht からの直訳だという説が有力である。

生け花によく使われるカスミソウの英名 baby's breast もしゃれている。和名は全体的な植物の姿をよくとらえているが、英名は小さな白い花の一つ一つを赤ん坊の吐く白い息に喩えているわけだ。

ペンペングサという異名をもつナズナの英名は shepherd's purse で、花の下につく長い柄をもつ果実（中に種子が入っている）が三角形で、羊飼い（シェパード）が食糧を入れて持ち歩く皮袋に似ているところからきているとされる。

日本語のぺんぺん草もこの果実を三味線の撥《ばち》に見立てて、擬音のペンペンを当てたものである。ナズナの方は、夏になると枯れてなくなる「夏無」説と、撫でたいほどかわいい「撫菜」説とがある。

果実の形から名前がついているものとして有名なのは生け花でよく使われるフォックスフェイ

ス（foxface）で、果実の付け根に突起があるので、それをキツネの顔に見立てたのである。これはナス科の植物で、日本ではツノナス（角茄子）という呼び名もある。

キツネつながりで言えば、foxglove というのもあり、由来については諸説あるが、花の形をキツネの手袋に見立てたという説の人気が高い。これを直訳した和名がキツネノテブクロだが、属名の *Digitalis* をカタカナ読みしてジギタリスと呼ばれることの方が多い。digit は指のことで、いわゆるデジタルと同じ語源である。

アメリカハナミズキ　flowering dogwood

日本に産しない外来種（introduced species）の和名には、日本在来種の頭にその土地の名前をつけるのがもっとも手っ取り早い。たとえば、動物では、アメリカザリガニ、アメリカシロヒトリといったものがよく知られている。植物名でアメリカを冠したものとしてもっとも有名なものの一つがこの植物だろう。ところが実はこの呼び名は正しくないのである。

ハナミズキという日本産の植物があって、それに近縁だからアメリカハナミズキなのだろうと私も思っていたのだが、ハナミズキという日本産植物は存在しないのだ。ハナミズキが正しい和名なのである。

この植物はヴァージニア州の州花にもなっている北米の代表的な花木で、ミズキ科ヤマボウシ属に分類される。春に咲く花が目立つミズキ類ということからハナミズキと名づけられたのだが、日本産のヤマボウシによく似ているので、アメリカヤマボウシとも呼ばれた。この両者が混同されて、アメリカハナミズキという誤った呼び名ができてしまったのだ。いまでは、多くの町で庭木や街路樹として植えられ、アメリカハナミズキという名がずいぶんと行き渡ってしまった。

この花木が日本に渡来した時期については、確かな記録がある。ワシントンDCのポトマック河畔の桜並木は、一九〇〇年代のはじめに当時の東京市長であった尾崎行雄が贈ったサクラの苗から生まれたものである（一九〇九年に贈った約二〇〇〇本は移送途中に病害虫にやられて全滅し、一九一二年に再度寄贈された約三〇〇〇本が植樹された）。その返礼として一九一五年にニューヨーク州から贈られた植物のなかにハナミズキがあり、これが日本におけるハナミズキの歴史のはじまりである。

この原木がいまでも日比谷公園に残っているとされるが、本当は原木の苗からの後継樹である。公園の立て札には「原木の子ハナミズキ記念植樹　都立園芸高等学校の原木より育成　一九九六年四月」と書かれている。このときニューヨーク州から贈られたハナミズキは四〇本で、そのうちの一本が日比谷公園に植えられたのだが、枯れてしまったために、この植樹がなされたということらしい。

贈られた苗木のうちの二本が東京大学附属の小石川植物園に分譲され、岩槻邦男氏の『東京樹木めぐり』(一九九八年刊)によれば、年輪測定から原木であると確認されるという。そのうちの一本はこの本が書かれた時点では生きていたが、朝日新聞の報道によれば、二〇〇六年にはすでに枯死していたらしい。

日比谷公園のハナミズキのもととなった都立園芸高等学校の原木はいまでも健在で、みごとな花を咲かせているという。なお、英名の dogwood はミズキ科植物の総称で、この仲間のセイヨウサンシュユの樹皮の煮汁がイヌの皮膚病の特効薬として用いられたことに由来するとされる。

ヨーロッパ産の動植物には、ヨーロッパを冠することになるが、植物名では、「ヨウシュ」を冠するものも多い。ただし注意しなければならないのは、ヨウシュがつくのが、かならずしもヨーロッパ産ではないということである。たとえば園芸用の低木ヨウシュコバンノキは西インド諸島原産だし、ブドウのような実をつけるヨウシュヤマゴボウは北米原産の帰化植物(naturalized plant)である。

西欧以外の外国産の生物でも産地を冠した名は珍しくはなく、たとえば中東地方から中国に渡来した産物には、胡(正しくは北方や西域の異民族の総称であるが、こうした用法では、現在の中東地域を指す場合が多い)の字がついているのでわかる。胡瓜《キュウリ》、胡桃《クルミ》、胡麻《ゴマ》といったものはみなそうだ。だが、地名がいつも正しい産地を示しているとは限らない。

日本で唐の字のつく作物、唐黍《トウモロコシ》、唐辛子《トウガラシ》、唐芋《サツマイモ》、唐茄子《カボチャ》などは、すべて中国を経て日本に伝わったので、このような呼び名が使われるのだが、どれも、中南米の原産で、大航海時代にヨーロッパにもたらされ、そこからインドなどを経てきたもので、地球を半周以上まわってきたことになる。

動物名では、チョウセンイタチ、チョウセンシマリス、チョウセンブナ、チョウセンメジロ、チョウセンヒラタクワガタなど、植物ではチョウセンアサガオなど、チョウセンのつくものがたくさんあるが、これらは朝鮮半島の固有種ではなく、ユーラシア北東部のひろい地域に分布している。日本から見て、朝鮮半島が窓口としてユーラシア大陸を代表しているというだけのことにすぎない。

ときには、ヨウシュチョウセンアサガオという二段重ねの名前があったりもするが、これはなんと熱帯アメリカ原産なのである。

テンジクネズミのテンジク（天竺）はインドのことだが、これも外来種であることを示す形容詞にすぎず、かならずしもインド産ということではない。和名としては、テンジクアオイ（ゼラニウム）、テンジクイサキ、テンジクザメ、テンジクダイなどがある。

翻訳の際にまぎらわしいのは、そのIndianだ。コロンブスの勘違いのおかげで、インド産のものとアメリカ産のものが混じってしまっているからである。概して動物でIndianがついているのは、インドゾウ、インドヤギュウ（ガウル）、インドサイ、インドトラ（ベンガルトラ）のようにインド産だが、植物名の場合は多くがアメリカ産である。Indian bean はインド豆ではなく、アメリカキササゲであり、Indian weed はインド草ではなくタバコのことであり、Indian cress は南米産のキンレンカなのである。ただし、カラシナ（Indian mustard）やチーク（Indian oak）はインド原産と言える。いずれにしても、Indian のつく生物がでてくれば、分布域を確認する必要がある。

つる植物　vine

vine はつる植物のことで、転じて植物のつる一般を指すようになったが、もともとの語源はラテン語の vinea（ブドウ畑、現在の英語では vineyard）である。したがって vine は、それだけでブドウを意味することもある。

ちなみにブドウ酒は、ラテン語では vinum 、イタリア語とスペイン語では vino 、フランス語では vin 、ドイツ語では Wein と変わり、これが英語圏で wine になったようである。漢語の葡萄（ぶどう）は、古代ペルシア語の budaw の音訳とされる。

ブドウそのもののラテン語は vitis で、これがブドウ属の学名になっている。ブドウ属の植物は世界の各地に自生するが、ヨーロッパでひろく栽培されているのは、ヨーロッパブドウ（*Vitis vinifera*）で、これは中近東の原産とされる。まぎれの余地なくブドウを指したければ grape vine と言えばいいのだが、こちらの grape の語源は古フランス語の crape（房）だとされる。

ブドウの歴史は古く、新石器時代の遺跡からも野ブドウの種子が大量に発見されているし、ホメロスなどの古典にもブドウの記載は見られる。『聖書』にもたびたび登場し、ブドウ酒はキリストの血の象徴として重要な意味をもつ。

vine は各種のつる植物を指し、vine maple（ツタカエデ）、vine peach（マンゴーメロン）、balloon vine（フウセンカズラ）、cinnamon vine（ナガイモ）、love vine（ネナシカズラ）などの植物名があるが、ちょっと注意しなければならないのが potato vine で、これはジャガイモのつるではなく、ツルハナナスというナス科の植物である。

つる植物のもう一つの代表はキヅタ類（ivy）である。両者をあわせて、ivy and vine、すなわち蔦葛《つたかずら》として、つる植物を総称することもある。ivy は日本では、一般にツタと訳されることが多いが、厳密にはまちがいである。キヅタ属はウコギ科の常緑性つる植物で、西洋では古代ギリシア時代から多くの伝説をもち、現在では、アイヴィー・リーグなどの有名な大学の校舎の壁を覆っていることでよく知られている。

日本にもキヅタ（*Hedera rhombea*）は自生するが、西洋におけるセイヨウキヅタ（*H. helix*）

とは別種である。これに対してツタ類はブドウ科ツタ属（*Parthenocissus*）の落葉性つる植物で、日本にはツタ（*P. tricuspidata*）が本州から九州にかけて自生する。キヅタ類とツタ類は科がちがうけれど姿がよく似ているためにしばしば混同される。

ツタの属名の *Parthenocissus* はギリシア語の parthenos（処女の）+ cissos（キヅタ）であるし、ツタの英名も Japanese ivy であり、日本人だけが混同しているわけではないのだ。

キヅタ類は攀縁根《とうはんこん》で壁を登るが、つる植物の多くは他物に巻きついて螺旋を描きながら上に生長していく。このとき、巻き方が左巻か右巻きかという問題が起きる。これがなかなかに厄介なのだ。

平面上の螺旋では、時計回り（clockwise）に円周がひろがっていくものを右巻き、反時計回り（counterclockwise）を左巻きとして問題はない。しかし、立体になると、どちらの方向から見るかによって、巻きが逆になる。下から見て時計回りに螺旋を描いているものを上から見れば、反時計回りになる。ふつう工学や化学では、螺旋の進行方向を前にして、時計回りになるものを右巻きと呼んでいるが、植物の場合は、それが混乱している。

その大きな原因は、観察者の視点が植物の大きさによって変わることで、小さな植物は、上から見下ろすのに、身の丈より大きな植物は見上げることになるからだ。どっちの視点を優先するかは植物学者によって意見が異なるため（工学の右巻きを左巻とする植物学者が多い）、図鑑によって、同じ植物が右巻きにされたり、左巻にされたりしている。

しかし、そういう慣習は別にして、ルールを決めてしまえば、植物の巻き方は種によってほぼ決まっている。下から見上げるというルールでみれば、アサガオやクズをはじめとして、ほとんどが右巻きで、左巻きは、フジ、スイカズラなどの少数派である。ところがネジバナという植物は、捩花と書くように、花が茎のまわりを螺旋状の帯となって取り巻くのだが、この螺旋に右巻きと左巻きが混在している。

どういうメカニズムになっているのか、いまのところ不明だが、動物のオナジマイマイというカタツムリでは、貝の左巻きと右巻きは（この場合には、貝殻の頂点を上にして上から見る）たった一つの遺伝子によって決まることがわかっている。

3章　人と自然を取り巻く闇

生物学に人間がかかわる分野では、人間の自然に対する態度の変化によって、ものの見方は大きく変わってくる。それにともなって一つの単語が指し示す意味も変わってくる。

博物学　natural history

これは、時代と状況によって訳し分けなければならない難しい言葉である。博物学という訳語は明治期につくられたもので、ヘボンの『和英語林集成』の慶応三（一八六七）年の初版および二版（一八七二年刊）に項目はないが、明治一九（一八八六）年の三版には博物学がある。学科の名前としては博物学でいいとしても、この英語にはもっと多くの意味があり、訳語も状況によって変えなければならない。

natural history は直訳すれば自然の歴史（history）だが、この history が難物である。英語でもこの単語は歴史という意味だけでなく、歴史学、および自然の叙述という意味ももっている。

historyの語源はギリシア・ラテン語のhistoria（histor＋laで、学んで知ったこと）で、物語を意味するstoryもhistoriaから派生した言葉である。

historiaはヘロドトスの『歴史』の書名（ただし複数形のhistoriai）でもあり、要するに戦記を中心とした歴史物語を表していた。その後より一般的な使われ方をするようになるが、用法は大きく二つに分かれる。一つは人間のかかわる社会の歴史および歴史学（historia hominis）で、もう一つが自然の歴史（historia naturae）であり、これが英語のnatural historyの由来である。

natural historyは、自然に存在する事物についての学問で、広義には自然科学全般を指すが、狭義には、動植物や鉱物・岩石・地質などを扱ういわゆる博物学を指す。方法としては収集・記載・分類が中心で、分析的な研究はあまりなされなかった。

二〇世紀に入って近代的な自然科学分野が成立するとともに、伝統的な博物学は生物学、地質学などに分化していき、実質的に博物学は解体されてしまう。現代的な意味でnatural historyという言葉が使われるときには、実験室での研究に対する野外（フィールド）での、主としてアマチュアによる観察を中心とした研究を意味し、ふつう自然史ないし自然誌あるいはカタカナで、ナチュラル・ヒストリーという訳語が当てられる。

各国にあるnatural history museumは、博物学的な内容を展示するものが多いが、museumに博物館という訳語が当てられるため、「博物」の重複を避けて、自然史博物館と訳すのが通例になっている。

博物学の成果を書物の形にまとめたものが博物誌で、歴史上、この名を持つ有名な書物がいくつもある。もっとも古く有名なのがローマ時代のプリニウスの『博物誌』(Naturalis Historia)だが、これも英語では Natural History と表記する。

もう一つ有名な『博物誌』は一八世紀フランスの博物学者ビュフォンのもので、こちらの原題は Histoire naturelle, générale et particulière である。こちらも英語で言えば当然、natural history になる。ほかに、いまなお博物学的文学の古典として読み継がれている一八世紀の英国人ギルバート・ホワイトの『セルボーンの博物誌』があるが、こちらの原題は The Natural History and Antiquities of Selborne である。

もう一つ『にんじん』で知られるフランスの一九世紀の作家ジュール・ルナールも『博物誌』(Histoires naturelles)という作品を書いている。というわけで、natural history という言葉は、場合によって、博物学、博物誌、自然誌、自然史、そしてごく最近ではナチュラル・ヒストリー(自然史研究)などと、訳し分ける必要がある。

博物学的研究をする人間は naturalist と呼ばれるが、これはさらに別の要素が加わって翻訳がむずかしい。ダーウィンの時代以前であれば、博物学者と訳すのが正しいが、現代では博物学そのものが存在しないので、ふつうはナチュラリスト、ないし自然研究者、あるいは自然愛好家くらいに訳さなければならない。

実際の活動がわかっていれば、動物学者や植物学者としても差し支えない場合がある。なお、本来の語義からの転用で、naturalist がペット商や剥製師を指すこともあるので、注意が必要である。

naturalist が厄介なのは、この言葉が naturalism すなわち自然主義を奉じる人々をも指すことで、この自然主義というのが、きわめて多義的なのである。芸術における自然主義は、絵画・文学・演劇において、独自の様式を指すが、その内容は一様ではなく、さらに同じ文学の自然主義といっても、フランスと日本では大きく異なっている。

ほかにも「自然」という言葉の多義性に応じて、無数の自然主義が存在する。しかし、ここはそれらのちがいについて論じる場ではない。科学に関係して論じておく必要があるのは、科学哲学における自然主義である。これは、人間の社会や行動、倫理、心理なども基本的には自然現象であり、自然科学的な方法によって解明できるとする立場で、哲学など人文諸科学の特権性を否定する。当然のことながら、哲学の側からは強い反発があり、人間的な事象は自然現象に還元できず、哲学的な方法が不可欠であると批判する。

その象徴的なフレーズが「自然主義的誤謬」(naturalistic fallacy) である。これは、英国の哲学者ジョージ・エドワード・ムーアがつくった言葉で、簡単に言えば、自然科学的な事実から道徳的な価値を導くのは誤りだということになる。科学における還元主義、生物学で言えば、動物行動学や進化心理学における、「動物ではこうだから、人間でもこうなるはずだ」式の発言が、しばしば自然主義的誤謬として非難を受ける。

森　woods

森ないし森林を意味する英語は、主要なものとしては、woods のほかに forest と grove がある。その使い分けには後で述べるように根拠がないわけではないが、いちばん小さなものが grove 、いちばん大きなものが forest 、中間の大きさのものが woods だと考えておけば、そうはずれていないだろう。

ロビンフッドの物語で有名なシャーウッドの森は forest 、オックスフォード大学の近郊にあって生態学者におなじみのワイタムの森は woods と呼ばれている。grove は日本語の林に近いもので、果樹園や町中のちょっとした木立などに用いられる。

woods がその単数形である wood 、すなわち木に由来していることは明らかである。wood は同じ木でも tree とちがって、材木という意味合いが強い。建築材はもちろん、薪（firewood）、酒樽、木管楽器、木版、木製のゴルフクラブにも wood は使われる。

材木としての木の特性は、植物学的には材と呼ばれる木質部によっているが、これも wood と呼ばれる。というようなことを考慮すると、woods というのは森の大きさだけで使われるのではなく、用材林として、頻繁に人間が出入りする森という含意があるらしい。
これに対して forest は、むしろ人間が容易には立ち入れない森というニュアンスが色濃い。その語源は古フランス語の forest（現代フランス語では foret）で、これはさらに、中世ラテン語の forestem silvam からきている。

forestem は foris の変化形で「外側の」を表し、silvam は森のことである。つまり領主たちの狩猟園の塀の外側にある人里遠く離れた森ということになる。このラテン語の foris は、foreign（異国の）や foreigner（外国人）という言葉の語源でもある。自分たちのすむ世界の外側にあるもの、外側の世界にすむものという意味合いなのであろう。また森を表すラテン語の silvam は、古フランス語の sauvage を経て savage（野蛮）という英語を生むことになる。

キース・トマスの名著『人間と自然界』によれば、一七世紀に英国で出版された詩語辞典では、森にふさわしい形容詞として、「恐ろしい」「陰鬱な」「侘びしい」「粗野な」「人の住まない」「野獣が出没する」といった言葉があげられていたという。

エリザベス朝時代の人々にとって、森林こそ野蛮のうごめく荒れ地だったのである。この時代にあっては、森林は現在のような憩いの場所ではなく、文明の対極にある忌むべき後進地帯であったのだ。そのためかどうか、近代化にともなって、森林はつぎつぎと切り開かれ、二〇世紀初頭には、英国の森林面積は四パーセントまで衰退し、ヨーロッパで最下位となっていた。

生態学では「森」はふつう「森林」と呼ばれるが、農学者四手井《しでい》綱英《つなひで》氏によれば、それはモリやハヤシのことではないという。漢字の森《しん》は本来「深く」生い茂ったという意味で、森林とは深い林という意味だったということらしい。それならば、英語の forest にかなり意味は近くなる。

森林の様態は生えている木の種類によって異なり、木の種類は基本的には気候によって決まる。もっとも大きな区分は針葉樹が優占する亜寒帯林、日本でのブナ林に代表されるような冷温帯林、シイやカシに代表される暖温帯林、およびもっとも多様な植物を擁する熱帯林である。

亜寒帯林よりも緯度および標高が高い土地では樹木が生育できないので、森ができず、その境界部は森林限界（英語では forest line, forest limit, timber line など）と呼ばれる。

森林は地面からの高さによって異なる様相を見せるが、典型的な熱帯雨林（生態学的には熱帯多雨林が正しい呼び名だが、最近ではこちらのほうが一般的になっている）は、五層〜七層の階層的な構造をもつことで知られる。

最上層は高さ五〇〜七〇メートルにも達する超高木で、これらの木の樹冠（crown）の連なりが、林冠（canopy）をなしている。中間層は大小の高木、低木によって形成され、最下層が林床（forest floor）である。

ついでに言っておくと、この高木、低木というのはかつて、喬木《きょうぼく》、灌木《かんぼく》と呼ばれていたのだが、漢字制限によって、こうも味気のない表現に変えられてしまった。喬木と高木は本質的な違いがないからいいが、灌木の灌は「群がり生える」という意味で、単に丈が低いだけでなく、枝葉を密生するという特徴を捉えているのに、低木とするのは、いかにも味がない。

野生生物　wildlife

ライフ（life）には、生命のほかに、寿命、生活、人生、伝記など実に多様な意味があるが、ここではまぎれもなく生物のことであり、野生生活などと訳してはいけない。

野生生物の定義は人によって相当異なるが、「人間の手を借りずに、野外で生活している生物」といったところが、平均的な答えだろう。その意味で、野生生物の反対語は栽培植物と家畜およびペットになる。この定義だと、野生化した栽培植物やペット、あるいは外来種も野生生物になってしまう。しかし、ふつう野生生物の保護というときには、そういった動物は含まれない。

日本には「絶滅のおそれのある野生動植物の種の保存に関する法律」（一九九三年施行）、略称「種の保存法」というのがあるが、野生動植物とは何かという定義はなく、絶滅のおそれのある野生動植物の種名が列挙されているだけである。それらは、明らかに日本の固有種（endemic species）か、日本以外の地域にも生息するが、日本では限られた生息地しかもたない種である。

したがって、保護されるべき野生生物には、外来種は含まれないと考えていいだろう。

外来種（introduced species）とは、在来種（native species）の反対語で、本来生息していなかった場所に人間の手によってもちこまれて定着した動植物のことで、広義の外来種には、アメリカザリガニやハルジョオンのように、飼育あるいは栽培されていたものが野生化した逸出種（escaped species）も含まれる。

最近では、ペットが野生化したものとして、タイワンザル、ヌートリア、アライグマ、あるいは釣魚としてのブルーギルやブラックバスが、在来の生態系を乱し、在来種との交雑による遺伝子攪乱を引き起こしている。アメリカシロヒトリのような帰化動物（naturalized animal）やセイタカアワダチソウのような帰化植物（naturalized plant）も外来種である。

しかし、外来種と在来種の区別は簡単ではない。帰化はいまの時代にはじまったことではなく、古代から人間の活動にともなってさまざまな動植物が日本列島に帰化してきたからである。そのなかでも歴史記録がある以前に日本に入ってきたものは史前帰化生物と呼ばれるが、モンシロチョウやナズナ類、あるいはスズメや家ネズミ類はすべてそうである。

歴史時代に入ってもさまざまな帰化が起こっている。野生のブドウは、遣唐使によって日本に持ち帰られ、鎌倉時代に野生化したと考えられているし、日本の山野にひろく生息するモウソウチクは正確な渡来時期については諸説があるものの、一〇世紀前後に中国から僧侶によって持ち帰られて帰化したものである。にもかかわらず、多くの人は在来種と呼んでいる。

また、日本の各地には在来馬と呼ばれて保護されている馬があるが、これらもモンゴル原産のウマが、古墳時代に朝鮮半島を経て軍馬として飼育されたものの末裔である。といったわけで、どの時代で区切るかによって、外来種と在来種の線引きは変わってしまうのである。

二〇〇四年に「特定外来生物による生態系等に係る被害の防止に関する法律」、略称「外来生物法」が施行され、そこで特定外来生物として特定された種は、個体だけでなく、卵、種子、器官も含めて、規制または防除の対象とされる。それを受けて、農林園芸関係者のなかで、自然植生回復のために、「郷土植物」を植えようという動きが起きてくる。この郷土植物というのは実は native plant の翻訳であり、なんのことはない在来植物のことなのである。あるいは自生植物と訳してもいい。

確かに native に故郷という意味はあるが、辞書を見てもらえばわかるが、第一義的には、出生地の、土着の、という意味であり、この場合、郷土というような狭い意味で使われているわけではないので、郷土植物と訳すのは明らかな誤訳である。しかし、誰かが、土木事業の予算を獲得するうえで「郷土」という言葉が有利だと考えて、意識的に誤訳したのであれば、なかなかの策士と言わなければなるまい。

野生生物を飼い慣らしたのが家畜（domestic animal）だが、この domestic というのも厄介である。植物の場合は栽培植物（domestic plant）と呼ばなければならない。domestication はふつう家畜化と訳されるが、正確には家畜栽培化である。

domestic の語源はラテン語の domesticus で、語幹の domus は家のことである。したがってふつうは家庭の、家事の、といった訳がなされる。それから転じて、自国の、国内の、国産の、という意味もあり、名詞の domestic(s)は、国産品、布製家庭用品、家事奉公人すなわち召使いを指す。

公害　pollution

これはある意味で政治的な誤訳である。pollution はどう考えたって汚染でしかない。公害というのはもともと、英国における法律用語の翻訳である公的生活妨害(public nuisance)を縮めたものである。これはある行為が特定の個人ではなく、地域共同体全体に被害をもたらすことに関する民法上の不法行為、刑法上の犯罪を指す言葉である。

日本の環境基本法における公害の定義は「事業活動その他の人の活動に伴って生ずる相当範囲にわたる大気の汚染、水質の汚濁……、土壌の汚染、騒音、震動、地盤の低下……及び悪臭によって、人の健康又は生活環境に……係わる被害が生じること」とあるので、公的生活妨害としてもまちがいとは言えないが、環境汚染の方がしっくりくる。

公害は公的生活妨害を縮めたものだと言われても、日本語から受ける印象はずいぶん異なる。

そもそも日本語の熟語で公がつけば、お上のおこなうことというニュアンスが強く、また「公害」は、公が害をなすというふうに理解される危険があり、本来私企業が責めを負うべき環境汚染の責任の所在をあいまいにしてしまううらみがある。そのため、一九六〇年代には公害という言葉の使用に対して激しい批判があった。しかし、現在では公衆が受ける被害という意味での「公害」がかなり定着しつつあるようだ。

公害と深く関係した言葉で、やはり政治的な誤魔化しのある訳語は pesticide の「農薬」である。この単語は文字通りには、pest（害虫、有害動物）を cide（殺すもの）という意味であり、殺虫剤にほかならない。

日本の農薬取締法における「農薬」の定義は、「農作物を害する菌、線虫、だに、昆虫その他の薬剤……及び農作物等の生理機能の増進又は抑制に用いられる成長促進剤、発芽抑制剤その他の薬剤をいう」とあり、殺虫剤だけでないことがわかる。

英語の pesticide には、成長促進剤などは含まれないから、明らかに対応していない。農薬という包括的な言い方をして、殺すだけでなく、生育を促進する薬剤を含めるのは、マイナスイメージを薄めるための誤魔化しではないかと勘ぐりたくなる。

ちなみに細菌を殺す殺菌剤は bactericide、菌類を殺す殺菌剤は fungicide、昆虫相手は insecticide、ネズミ類を駆除するものは殺鼠剤 rodenticide、除草剤は herbicide、ナメクジなどの軟体動物を殺すものは molluscicide、線虫類を殺すものは nematicide と呼ばれる。

生物学とはほとんど関係ないが、進化論をめぐる論争で登場するキリスト教の fundamental-ism についても、訳語をめぐる政治的な葛藤がある。この語は、いずれの宗教であるかを問わず聖典の無謬性を信じる態度、およびそれを実践する運動を指している。

イスラム教やヒンドゥー教に関してはこの語は原理主義と訳されるが、キリスト教関係者は、キリスト教原理主義という言い方を拒否し、根本主義と翻訳する。確かに、根本主義という訳語は、戦前からのものであり（一九二四年に植村正久が『宣言若しくは信条』で用いたのが最初とされている）、この訳語に執着する気持ちは理解できる。

しかし、今日の世界の混乱は、その根本主義派から生まれた福音派の合衆国大統領が、イスラム教原理主義者との戦いを宣言したことに責任があるとも言える。この構図のなかで、一方のみを原理主義者と呼ぶのは、社会学的・政治的に見て公正を欠くだろう。

両者の宗教的価値観の対立を問題にするときには、両者をともに原理主義者と呼ぶのは正当化されるだろうし、むしろそうすべきだと、私は考える。

踏み車　treadmill

踏み車のいちばんてっとりばやいイメージは、籠《かご》（ケージ）に入れられたハツカネズミが走りながらクルクルと回す車輪である。しかし、もともとは農具であった。大蔵永常《ながつね》［一七六八－一八六一］の『農具便利論』に絵が載っているが、要は、足踏み式の水車である。これを足で踏んで水を田に入れるのである。

日本の踏み車は中国から伝わったものであるが、起源は中東あたりで、もちろん西洋にも古くから伝わっていた。西洋では揚水のほかに臼で小麦を挽く動力としても用いられた。作業は単調な繰り返しの重労働で、treadmill には単調で退屈な仕事という意味もある。

一九世紀初頭、イギリスの発明家サー・ウィリアム・キュービット［一七八五－一八六一］は、横幅の長い踏み板（羽根）をもつ踏み車を考案し、当時の労働力不足の解消と囚人矯正という二つの目的のために、牢獄で囚人にこれを踏ませて動力をつくりだそうとした。

しかし、石炭の開発によって人力水車は効率の点で太刀打ちできなくなり、結局この作業は単なる懲罰用の苦役になりはてた。現在では treadmill は別のものを指すのに使われることが多いため、従来の treadmill は treadwheel と呼ばれるのがふつうである。

現代の英文で treadmill が出てくれば、真っ先に思い浮かべるべきは、ルームランナー、すなわちランニングマシーンである。原理的には水車の踏み板の代わりに、回転するベルトコンベアの上で足踏みするというもので、体を一定の位置で保とうとすれば、ベルトの回転速度と同じ速度で走らなければならないという仕組みである。このアイデアを実用化したのはシアトルにあるワシントン大学のロバート・A・ブルース博士［一九一六－二〇〇四］だと言われている。

彼は一九五二年に、これを心臓ストレス検査用の医療機器として考案したのだが、やがて運動具に転用され、一九六〇年代には米国のスポーツクラブに不可欠の機器となった。現在では膨大な数の家庭用機器がおもにテレビの通信販売を通じて、世界中にひろまっている。これさえあれば、家の中でジョギングができるというわけだ。

このような意味の変遷は時として誤訳のもとになる。ある翻訳書を読んでいたら、「踏み車を使って酸素消費量を測定する」というのにでくわした。確かに辞書に載っている treadmill の第一義は「踏み車」ではあるが、ここはランニングマシーンとするべきところだろう。具体的にモノを思い浮かべないとこういう失敗をしてしまう。

そういう失敗の実例で、「放射性の首輪をつけた」（radio-colored）渡り鳥という翻訳にお目にかかったことがある。これは動物の行動パターンを追跡するための電波発信機を装着した首輪のことで、「電波発信機付きの首輪をした」とでも訳すべきものである。この手法は一般にラジオテレメトリーと呼ばれるもので、発信された電波を最低二か所以上の地点で受信することで、その動物の位置を地図上で特定することができる。radioには確かに放射性という意味はあるが、放射性の首輪などつけたら、その動物がどんなことになるか、ちょっと状況を想像すればおかしいと気づくはずだ。このradioは昔なつかしいラジオのことであり、一般には無線通信機を指すものである。

同じ単語が極微と極大の両方に使われているために、状況次第でとんでもない誤訳になってしまうのがbinocularである。このbinは二つ、ocularは眼、転じて接眼鏡のことを指す。つまり接眼鏡が二つある道具ということなのだ。この道具のうち、遠くを見るものが双眼鏡、微少なものを見るものが双眼顕微鏡なのである。まちがっても、双眼鏡で細胞の構造を眺めるといったアクロバットをしてはならない。

4章　こんな訳語に誰がした

専門書の翻訳で困るのは、学会や文部科学省の学術用語集で定められた訳語がある場合で、どう考えても適切と思えない言葉を採用せざるをえないのは、はなはだ不本意である。不適切な訳語が生まれる一つの原因は用字制限で、むずかしい漢字表現を使ってはいけないという要請のために、無理な言い換えが生じたこと。

もう一つは、本来はもっとひろい意味をもつ言葉に、せまい学界でのみ通用する限られた訳語が当てられる場合。さらにもう一つは、差別的表現をなくすという動機で、これが行きすぎたために、動植物の和名などに混乱が生じる場合がある。不適切な訳語はいろんな分野に見られるが、まずは医学分野から眺めてみよう。

齲歯《うし》　dental caries

これは直訳すれば歯のカリエスで、カリエスと言えば脊椎カリエスが有名だが、病気で骨に孔があくことを言う。ここはつまり虫歯のことだ。学会で決まっている用語なので、文句は言えないが、なんともむずかしすぎる。

ほかに表現の仕方がないならばともかく、虫歯という立派な日本語があるのに、なぜ使わないのだろう。どう考えても、医者がもったいぶるための術語（ジャーゴン）としか思えない。この手の医者のジャーゴンは枚挙にいとまがない。

病気が悪くなること（exacerbation）を憎悪《ぞうあく》、よくなること（remission）を寛解《かんかい》と言うが、ふつうに悪化、回復と言えば患者もすぐにわかるのに。prognosis を予後と言うのも、大袈裟な言い方で、治癒の見通しとか予測で問題ないと思う。体にメスを入れること（invasion）を侵襲《しんしゅう》と言われると、いかにも怖そうな感じがする。

出血をともなう手術は観血的 bloody 手術と呼ばれるのだが、この言葉を見ると私は「おんどれ、血見るぞ」という関西やくざの脅しの科白をつい連想してしまう。ほかにも、ふけ（dander）を鱗屑《りんせつ》、吐き気（nausea）を悪心《おしん》など、いいかげんにしてくれと言いたくなる。しかし、翻訳の際には、医者の科白でもないかぎり、こんなむずかしい言葉を使う必要はない。

しかし、頻繁にでてくるのに、医学用語として定着してしまっているために使わざるをえない訳語もある。たとえば fiber の訳語としての「線維」である。これは、繊維産業の繊維、光ファイバーのファイバーと同じもので、本来は「繊維」とするべきものである（「繊」は、細い、小さいという意味で、「線」とは意味が異なる。これは繊細な問題であるが、線細な問題ではない）。

なぜ、医学だけ「線維」なる語を使うようになったかと言えば、他愛もない話で、繊の字がむずかしいという理由からだった。

日本の解剖学用語は、一九四四（昭和一九）年に日本解剖学会が用語集を刊行して定められたのだが、このときには、「繊維」を「線維」と書いてもいいという程度のことでしかなかった。ところが、一九五八年に刊行された第七版で、大幅な改訂がなされ、「繊維」を「線維」にすべしということが決まったのである。このときの改訂の基本方針が、むずかしい漢字を避けて、できるだけ当用漢字を使うというものだった。この当時は、まだワープロがなく、あらゆる分野でこういう気分が支配的であった。以来、解剖学用語集は何度か誤植の訂正などを繰りかえしてきたが、「線維」についてはそのままになっている。

先にあげたようなむずかしい用語を使っているくせに、なんで「繊維」が使えないのだと文句をつけたいところだが、いかんせん、すでに五〇年が経過したために、医学者のあいだに「線維」が完全に定着してしまっている。ついでに「繊毛」も「線毛」になってしまう。いまさら戻せといっても、混乱を招くだけだから、あきらめざるをえないが、翻訳の際には気が滅入るのだ。

病名だけに限定しても、この言葉は用例が多い。線維筋痛症、肺線維症、線維性異骨形成、嚢胞性線維症、神経線維腫症といった例があげられる。病名だけならいいのだが、多くの解剖学用語に線維が使われるので、生物学分野と齟齬をきたすことが出てくる。

最近は生物学者のなかにも「線維」を使う人が増えてはいるが、『岩波生物学辞典』は「繊維」

を固守している。筋肉繊維や神経繊維はともかく、植物の繊維細胞は、織物の繊維そのものであるから、「線維」と書くのは耐えがたい。形容詞の「線維状」というのはありえない言葉だが、医者は平気で使う。

本来、細い紐状のものは生物・無生物を問わず、「繊維」という一つの言葉で連続的に表現されていたものが、医学分野だけで断ち切られるというのは、納得しがたいものがあるが、いまさらどうにもなるまい。

漢字制限の影響は生物学用語にもおよんでいて、「棲息」の棲の字がだめで、「生息」となり、それに連動して、「陸棲」「水棲」「共棲」なども「陸生」「水生」「共生」に統一された。これなどは意味が変わったわけではないので、我慢できるが、「篩管《ふるい》」が「師管」に変わってしまうと、意味がちがうだろうと言いたくなる。「齧歯類」を「げっ歯類」と書くのも、姑息な気がする。

発火　fire

いまやほとんどの脳科学者はニューロン（神経細胞）の発火という言葉を使い、「発火パターン」があたかも脳活動の神秘を解く鍵であるかのように語る。しかしニューロンの fire を「発火」と訳すのは、どうみても誤訳である。この fire は映画などで軍隊の指揮官が大砲や銃の一斉射撃を命ずるあの「ファイアー」にほかならない。

「発射」と訳すべきところを誰かが fire の字面にとらわれて、発火と誤訳し、それがまさに燎《りょう》原《げん》の火のごとく脳科学者のあいだに燃えひろがってしまったというわけである。

ここでの fire は、ニューロンにおいてインパルス（電気信号）が「発射」されることを指すのであり、ニューロンが火を吹くわけではない。英語の用例でみても fire impulse が基本形で、目的語 impulse をもつ他動詞が自動詞に転化したにすぎないことがわかる。

Merriam-Webster' s Medical Dictionary の他動詞 fire の第一義は to cause to transmit a nerve impulse とあり、The American Heritage Dictionary of the English Language（Fourth Edition. 2000）の自動詞 fire の説明の（6）には、Physiology ; To generate an electrical impulse . Used of a neuron. とある。

これに依拠したとおぼしき、研究社の『リーダーズ英和辞典・第二版』の fire（自動詞）の第六項は「［生理］〈ニューロンが〉神経インパルスを発する」と書かれている。

『岩波生物学辞典』では、活動電位が発生する閾値を意味する firing level に正しく「発射レベル」という訳語を当てているが、いまや「発射レベル」の火は消えかかり、「発火レベル」が使われることが圧倒的に多い。まさに「悪貨が良貨を駆逐する」の見本のようなものだ。

日本語の「発火」の意味は、「火が燃え出すこと、火を発すること」であるが、常識的に考えて、脳のなかで発火が起こったりするわけがない。

立花隆氏は『脳死』のなかで、インパルスの発生の際の電位の急激な上昇が、「まるで光がピカッと光ってすぐ消えるように見えるので」、「発火」と呼んでいると書いているが、典拠は明らかにされていない。たとえ、これが正しいとしても、それを表現するのに発火はふさわしくない。その意味であれば、閃光とか稲光とかいった言葉が選ばれるべきだろう。

「発火」という誤訳は、もはやあまりにも普及してしまっているために改めることはほとんど不可能だろうが、この言葉を使うときには、せめてそれが恥ずかしい誤訳に端を発していることを思い出してほしい。

ニューロンのネットワークを指す「神経」という言葉は『解体新書』(一七七四年刊)で杉田玄白[一七三三―一八一七]が、オランダ語 zenuw の訳語としてつくったものである。この時代にはちゃんとしたオランダ語の辞書もなければ、インターネットもなく、書かれている内容についてもわからないところが多かった。玄白らはまず訳語を決めるところから悪戦苦闘しなければならなかった。

「はじめに」でも述べたように、玄白は言葉の翻訳には、翻訳、義訳(現代風に言えば意訳)、直訳(現代風に言えば音訳)の三種類があると述べている。翻訳は原語にほぼ対応する日本語がある場合で、オランダ語の値題験(ベンデレン)(beenderen)は骨のことだから、骨と訳す。

加蝋仮価（カラカベン）（kraakbeen）の kraak はネズミがものをかじる音を表す擬音で、been は beenderen の略語である。しかるに、この語の義は柔らかい骨なので、「軟骨」と訳す。これが義訳である。直訳は、適切な訳語がなく、意味もよくわからないので、とりあえず、音を当てておくというもので、機里爾（キリイル）（klier）がこれに当たるという。

玄白らが『解体新書』を翻訳しはじめたとき、zenuw には直訳として「世奴」が当てられ、「セーニュー」または「セイヌン」と発音されていた。実際に、彼自身が『解体新書』に先立って翻訳した『解体約図』（一七七三年刊）では、「世奴」を使っていた。しかし、この直訳では意を尽くせないことに思いいたり、新しい義訳の必要性を感じ、「神経」を造語した。東洋医学で、精神、意識、思考を意味する「神気」の神と神経系と似たような分布をもつ「経絡」の経を組み合わせたのである。このほかに、玄白は今でも流通している数多くの解剖学用語をつくった。「盲腸」「粘膜」「視覚」「血球」「動脈」「血脈（現在の静脈）」「門脈」「座薬」「十二指腸」「横隔膜」などは、すべて玄白による造語である。

玄白が直訳した機里爾《キリイル》はのちに、宇田川玄真《げんしん》［一七七〇－一八三五］によって「腺」と義訳された。その玄真の養子である宇田川榕菴《ようあん》［一七九八－一八四六］は化学書、植物学書の翻訳を通じて、それぞれの分野の数多くの学術用語をつくった。「酸素」「水素」「窒素」「炭素」「花粉」「属」といった言葉はすべて、宇田川榕菴の造語である。

その榕菴にしても化学はオランダ語の chemie の直訳である「舎密《せいみ》」を使っていた。これを「化学」に義訳したのが、川本幸民《こうみん》［一八一〇－一八七一］であり、川本はまた、「蛋白」「大気」「合成」などの造語もしている。こうした先人の訳語にまつわる努力の跡を見るとき、「発火」などという訳語で満足しているのが、恥かしくなるだろう。

加齢　aging

エイジング（aging）という言葉は、齢《とし》（age）を重ねることを意味するだけなので、子供から大人へと齢を重ねることも含まれる。しかし、単に年齢が増えるということなら、成長・発達（growth, development）などの単語もあり、あえてこの単語を使う意味がない。

ふつうこの単語は齢をとることによって生じるさまざまな劣化現象を指す。この意味で「老化」という訳語のほうがふさわしいものである。厳密に老化そのものを指す英語としては、senescenceという英語があり、老化遺伝子（senescence gene）など、主として生物学で使われる。

近年、医学方面で齢をとるという側面を直訳してagingを「加齢」と翻訳する例が増えている。しかしこの「加齢」というのは、近年の造語のように思われる。現在のおおかたの国語辞典にはこの言葉が採用されているが、おそらくここ三〇年ほどのうちにつくられたものであろう（私の調べた限りでは、「加齢」の入った書名をもつ本はもっとも古いものでも一九七三年の刊行である）。少なくとも、一九七七年に設立された日本基礎老年学会の設立趣意書には「加齢」という文字はまったく現れない。『広辞苑』でも、「加齢」に老化の意味が付け加わるのは第六版（二〇〇八年刊）からである。

とくに老年期における衰退現象を指すのであれば、加齢よりも老化の方がはるかにすぐれた訳語である。医者が加齢という訳語を使いたがるのは、例によって権威づけにむずかしい言葉を使うという悪癖であろう。にもかかわらず、いまでは老人の「加齢臭」（二〇〇〇年に資生堂の研究所が中高年に特有の体臭の原因がノネナールであることを発見して、この言葉を造語した）などという表現などもふつうに使われるようになり、すっかり定着してしまった。

人間の老化を専門に研究するのは老人学（gerontology）で、老年学、老年医学、あるいはカタカナ読みで、ジェロントロジーと呼ぶ（この語の初出は一九〇三年、老人病学を意味する geriatrics は一九〇九年が初出）。

geront の語源は老人を意味するギリシア語である。現在の日本老年学会も創設時には日本ジェロントジー学会と名乗っていた。一九九〇年代の後半あたりから、「加齢」が医学会で流行すると、それまで老人医学講座を名乗っていたほとんどの大学医学部の講座が加齢医学（Geriatric Medicine）講座に衣替えをした。東北大学の加齢医学研究所（英名は Institute of Development,

Aging and Cancer）も、もとは抗酸菌病研究所が一九九三年に改称したものである。

文部科学省は、新しい名前の学科名称がいたくお好きなようで、生物学分野でも、古典的な発生学、生理学、遺伝学、形態学といった講座の名称はほとんど姿を消し、情報生物科学、構造生物科学、生物制御科学などという正体不明の名前に置き換えられてしまっている。

老化に抗することをアンチエイジング（anti-aging）と言うが、これが抗加齢と訳され、日本抗加齢医学会まであったりする。しかし加齢の本来の意味は歳をとることであり、これを止めることはできないはずだ。したがって、抗老化と訳すのが正しいと考えられる。日本臨床抗老化医学会というのも存在しており、どちらがより権威をもつのか寡聞にして知らないが、いずれも非営利法人で、学術会議協力学術研究団体として公認されている正式な学会ではない。

老化の原因については諸説入り乱れているが、論争の混乱の原因の一つはレベルの区別がなされていないことである。死と同じように、老化も、細胞レベル、臓器レベル、個体レベルで起こり、それぞれ原因もメカニズムも異なる。人間の体には機械的な要素もあり、脊椎や関節は物理的な摩耗によってすり減ることが原因で老化をきたす。

血管や尿管のような管は下水管と同じように、年々細胞断片やコレステロールが蓄積することによって、流れが悪くなる。血管が狭くなると、血圧の上昇や脳や心筋の梗塞といった付随的な老化現象をもたらす。

アルツハイマー病におけるβアミロイドのような有害物質やタンパク質の架橋結合の経年的

な蓄積、あるいは一生のうちに起こる体細胞突然変異の蓄積も老化の大きな原因である。しかし、もっとも重要なのは衰えた細胞に取って代わる新しい細胞の供給源の低下である。細胞の分裂能力が一定回数で停止してしまうために、本来のあらゆる生理機能が衰えていくのである。

この細胞の分裂回数を制限している要因として、このところ脚光を浴びているのがテロメア（telomere）である（二〇〇九年度のノーベル医学生理学賞は三人のテロメア研究者に与えられた）。これは染色体の末端にくっついているヘアピン状の短いＤＮＡで、いくつもの反復配列をもっている。これが正常な細胞分裂を保証しているが、細胞分裂のたびに、少しずつ短くなっていき、ついにはなくなってしまう。そうなるともはや細胞は正常な分裂ができなくなるというわけである。テロメアはギリシア語の末端を意味する telos と部分を意味する meros から造語されたものである。

免疫　immunity

この訳語はまちがっているわけではないし、不都合というわけでもない。しかし、原義とはかなり意味がずれてしまっている例として、取りあげたい。immunity のもともとの意味は、一度、病気にかかったら、二度目は同じ病気にかかりにくいという性質のことで、病気を免れるというのとは異なる。

免疫現象は、経験的には古代から知られていて、もっとも古い記録として、トゥキュディデス［紀元前四六〇年〜紀元前三九五年頃］の『戦史』がある。この本はペロポネソス戦争の時代に流行したおそるべき疫病の凄惨な症状を冷静かつ詳細に述べていて医学的史料として価値が高いが、そこに「一度罹病すれば、再感染しても致命的な病状に陥ることはなかった」（巻二、五一、『世界の名著 5』久保正彰訳）と書かれている。この現象の医学的意味を認識し、「二度なし（non-recidive）」と呼んで、近代的な免疫学の出発点をつくったのはルイ・パストゥール［一八二二－一八九五］である。

天然痘の治療に種痘という方法を用いたエドワード・ジェンナー［一七四九－一八二三］こそ、免疫学の祖と呼ぶにふさわしいという意見があるかもしれないが、ジェンナーには種痘を普遍的な生物・医学的現象だとみなす視点はなかった。

パストゥールはもちろん、ジェンナーの種痘の成功にヒントを得たのだが、一八八〇年にニワトリにコレラが流行したとき、古くなったコレラ菌を残っているニワトリに注射したところ、命を救うことができた。ここからパストゥールは、その成功を一般化し、毒性の弱った病毒を与え、軽い病気に罹らせることで、「二度なし」を人為的に引き起こし、病気の予防に使えるのではないかという発想を得たのである。そして一八八五年にはそれを実際に応用して狂犬病ワクチンを開発した。

immunityという言葉はもともと一四世紀頃から使われていた法律用語で、納税や奉仕の義務（munis）の免除（im）を意味した。これがいつ頃か医学的な免疫の意味で使われるようになったのか不明だが、『オックスフォード英語大辞典』によれば、初出は一八七九年（『聖ジョージ病院報告』）であるから、パストゥールが「二度なし」と呼んだときに、もうこの言葉が医学的な意味で使われていたことになる。

どうやらパストゥールはimmunityという言葉があまり好きではなかったようで、ほとんど使っていないらしい。ちなみにimmunology（免疫学）という言葉が登場するのはもっと後で、一九一六年が初出である。

日本には早くも一八五八（安政五）年に現在の東京大学医学部の前身にあたるお玉ケ池種痘所（勘定奉行川路聖謨《としあきら》の拝領地内にあった私設の種痘所のことで、火事で焼けたあと和泉橋通りに新築され、万延元年に幕府直轄の種痘所となり、文久元年に西洋医学所と改称された）がつくられるが、この創設に参加した蘭方医の一人である三宅艮斉《ごんさい》の息子で、のちに東京大学名誉教授となる三宅秀《ひいず》が、一八八〇年に『医学総論』という本で、はじめて「不感性 immunitas」という表現を使っているのはなにかの因縁かもしれない。

医学史家の藤野恒三郎氏によれば、immunityの訳語として免疫がはじめて使われたのは、一八八七（明治二〇）年に刊行された訳本『ばくてりあ病理新説 前編』においてであるという。その訳補者として名が出ている矢部辰三郎は日本人ではじめてパストゥール研究所に留学した医者として知られる。いずれにせよ、日本の文化輸入はいつもすばやい。

ともすれば immunity は「二度なし」、すなわち特異的な獲得免疫という側面が強調されがちだが、それとは別に自然免疫と総称される非特異的な防御機構も重要である。その点で、文字通りに解釈すれば、「病気を免れる」という意味の、日本語の「免疫」は原語よりも適切な訳語と言える。

ジェンナーは牛痘毒を使ったので、種痘を表すのに vaccination という言葉をつくった。vacca（ラテン語で雌ウシを意味する）に由来する vaccinia（牛痘）をもじったのである。パストゥールは、一八八一年の国際医学会で、ジェンナーの功績を称えて、この vaccination を、予防接種一般を表す言葉として使用するように提案して採択され、その製剤は vaccine と呼ばれることになった。ラテン語の va はワと発音するので、日本語ではワクチンと表記される。

ワクチンは無毒化した、あるいは毒性を弱めた病原体で、病原体は細菌のこともウイルスのこともある。ほとんどの細菌病は現在では抗生物質によって治療が可能であるが、抗生物質はウイルスには効かない。そのため、エイズや、ウイルス性肝炎、インフルエンザなどのウイルス病に対しては、各種の有効な抗ウイルス薬が開発されてはいるものの、ワクチンと自然免疫物質の一つであるインターフェロンの投与が普遍的な治療法となる。

ネコ目 Carnivora

これはかつて食肉目と呼ばれていた動物の分類名で、ここにはイヌ科、クマ科、アライグマ科、イタチ科、ネコ科、ハイエナ科、マングース科、ジャコウネコ科、さらには最近の研究では、アシカ科とアザラシ科までも、この目《もく》に含まれる。これをネコ目と呼ぶのは、一九八八年の文部省（当時）の『学術用語集 動物学編』で、「目以下の名称をすべて仮名書き」にするという大方針にもとづいて提案されたものである。具体的には、代表的な種名をもって科名、目名にするというものである。

改定の明確な論拠は、低学年の生徒のために難しい漢字を使わないようにするということしかないようだが、隠れた動機として、すべてカタカナ表記することで、データ処理を容易にしようとする狙いがあるのはまちがいないだろう。

一昔前に行政の都合で、由緒ある地名を片端から統合して、○○丘○○番地という形式に統合したのと同じ精神が感じられる。

これに対して日本哺乳類学会から猛反発がおき、二〇〇三年には検討部会から従来の呼び名を使うべきだという論文が発表され、この方針が学会の大勢となっている。私個人も、この改定案には大反対である。反対する最大の理由は、多様な動物を含むグループの名前を一つの科の名前で代表させることの不合理である。

食肉目には先にあげたような多数の科が含まれるが、それをネコ科で代表させるのはどう考えても乱暴である。ネズミ目にせよと言われている齧歯目にはネズミ科のほかに、リス科、ビーバー科、トビネズミ科、ヤマアラシ科、チンチラ科、カピバラ科、ヌートリア科など三〇科にも及ぶ多様な呼び名をもつ動物が含まれており、ネズミ目と総称するのは不合理である。

そもそも生物学的に実体のある分類単位は種だけであり（分類学では、交配によって繁殖力のある子孫を残すことができる個体の集団で、他の集団から生殖的に隔離されているものを、種と定義している。ただし、現在の進化論的な立場では、生殖的隔離は空間的・時間的な限定のもとでのみ成立するので、絶対的な種の定義は不可能とされる）。

さまざまな種のうちで共通の特徴をもつものを属としてまとめ、共通の特徴をもつ属をまとめて科に、共通の特徴をもつ科をまとめて目とし、共通の特徴をもつ目をまとめて綱とするという構造になっている。

したがって目の学名は、そこに含まれる科の生物に共通の特徴を表すものになっている。哺乳類で言えば、たとえば、食肉目はCarnivora、有袋目はMarsupialia、貧歯目はEdentata、食虫目はInsectivora、霊長目はPrimates、奇蹄目はPerissodactyla、偶蹄目はArtiodactyla、齧歯目は Rodentia で、これらのラテン語の意味は、それぞれ、従来の漢字表記が表す意味とほぼ一致している。

文部省案は、これをネコ目、フクロネズミ目、アリクイ目、モグラ目、コウモリ目、サル目、ウマ目、ウシ目、ウシ目、ネズミ目にしようというものである。これは国際的な学名との対応がつかないという点で大問題であるし、目の全体像を指し示す名称にもなっていない。

ラテン語学名に対応はしていないが、なんとか許容できるとすれば、翼手目、鯨目、長鼻目、兎目をそれぞれコウモリ目、クジラ目、ゾウ目、ウサギ目にすることくらいで、これらの分類群は、それ以外の名前を持つ動物が含まれていないからである。

科名の方は事情が異なり、種名をもとにするのがふつうである。食肉目ではネコ科の Felida、イヌ科の Canidae はいずれもネコの属名（*Feris*）、イヌの属名（*Canis*）に由来する。したがって、科名を種名で代表させるのは、分類学的にも正当化されるが、目になると多様な科が含まれる場合があるので、種名で代表させると不都合がでてくる。ただし、適切な上位グループの総称がないために、種名で代表させるという例は、植物や鳥類、魚類で実際におこなわれていて、そのことをもって、提唱者たちは改訂の消極的理由としている。

実は、ここに問題の根がある。そうした生物には科、目レベルの一般名称がほとんど存在しないのである。したがって、目名を種名で代表させてもさほど混乱はおきない（魚類では主要な魚類の大半がスズキ目にまとめられていて、目の実用的な意味が哺乳類とは大きく異なる）。それに対して、哺乳類では科レベルの一般名称が日常的に使われる。齧歯類で言えば、リス、ヤマラシ、ネズミ、食肉類で言えばイヌ、クマ、アライグマ、イタチ、ネコ、ハイエナ、マングース、ジャコウネコ、さらにはアシカ、アザラシといった言葉である。そのうえ厄介なことに、ふつうの人は、属、科、目、綱といった分類階級を正確には理解しにくいため、どのレベルであっても類と表現することが多い。

科と目の名前がちがっていればいいが、そうでないと混乱する。ネズミ類といったとき、それが目なのか科なのかわからない。目は齧歯類、科はネズミ類であれば紛れようがない。文部省案ではイヌはネコ目イヌ科なので、「ネコ類のうちのイヌ類」という常識に反した表現が出てくる可能性がある。食肉類であればその心配はない。

もう一つ旧来の漢字表記のいい点は、ラテン語学名に先人がうまい訳語を当てているために非常にわかりやすいことである。昆虫の、鱗翅目（チョウ目）、双翅目（ハエ目）、等翅目（シロアリ目）、直翅目（バッタ目）、半翅目（カメムシ目）、膜翅目（ハチ目）、鞘翅目（コウチュウ目）は、翅の前にたった一字の漢字を加えることで、みごとにそのグループの特徴を捉えている。

昆虫関係者のなかにも、文部省の改定案に異を唱える人は多く（とくに土壌昆虫学の権威、青木淳一氏は、この問題を詳細に論じた論文を発表している）、現在でも日本鱗翅学会や日本鞘翅学会などの名称は残っている。

イヌやクマをネコ目にまとめて平然とできる神経は私には理解しがたい。分類学者にとって、名は学問の道具にすぎないかもしれないが、動植物の名は、分類学ができる以前から人々が共有してきた文化的な財産である。それを勝手にいじろうなどというのは、分類学者のおごり以外のなにものでもない。

スティーヴン・J・グールドが紹介していた話だが、ボア・コンストリクターの学名を規則にもとづいてボア・カニナに変更するという爬虫類学者の要求を、国際審議会ははねつけた。その理由はその名があまりにも多くの人に、ながきにわたって受け入れられてきたということだった。これがまっとうな精神というものだろう。

ヌタウナギ　hagfish

これはついこのあいだまで、メクラウナギと呼ばれていたものだが、二〇〇七（平成一九）年一月に、日本魚類学会が差別的表現をなくすという名目で改称を勧告したために、こうなった。

厳密に言うと、ヌタウナギという種は別にあって、メクラウナギ目メクラウナギ科ヌタウナギ属に分類されていたのが、今度はヌタウナギが目名と科名に採用され、従来のメクラウナギという種はヌタウナギ目ヌタウナギ科ホソヌタウナギ属のホソヌタウナギと改称されることになったのである。差別的表現を減らすという趣旨そのものに反対する理由はないが、メクラのような日常語を差別語として種名から排除するのには大いに疑問がある。

英語では盲に相当するのは blind で、日本語の「めくら」とほとんど同じ使い方をされ、差別表現として使われることもあるが、使用禁止にされるなどという話は聞いたこともない。それどころか、カタカナでは、日除けのブラインドや入力におけるブラインド・タッチ、ラグビーにおけるブラインド・サイトなどが日常的に使われている。

差別の本質は社会的な環境にあり、言葉にあるわけではない。盲人を眼の不自由な人と言い換えたところで、発言者の差別意識を払拭し、障害者が生きやすい社会をつくらなければ、なんの意味もない。

言葉狩りによって、「めくら」を閉め出しただけでこと足れりとするのは、愚かしい話である。まして、非常によく似た数百、数千の種にちがった和名をつけなければならない動植物名では、その特徴を端的に表すような言葉を選ばなければならない。それも主として身体的特徴を表す形容詞でなければならないので、いわゆる「差別用語」をまったく使わずにすませるのはほとんど不可能である。

一般に身体的な特徴を捉えた言葉は本質的に、他との区別を表現しているから差別的な要素をはらんでいる。体の小さいことを意味するチビ、ヒメ、コビトというのも、体の大きいことを意味するデカ、デブ、ノッポ、オオも、差別用語になりうるし、色を表す、アカ（あいつは赤だ）、クロ（あいつは腹が真っ黒だ）、キイロ（嘴の黄色い野郎）、アオ（おのれ青二歳が）でさえ、場合によっては差別言葉になりうる。

差別は、そうした身体特徴の区別に社会的な意味をもたせて使うときに現れるのであり、言葉そのものの属性ではない。言葉をなくしたところで、身体的特徴のちがいという事実を消すことはできない。表現を変えたところで、その区別を差別の手段として使おうとする人間には意味がない。

現に「目の不自由な人」という表現が、「めくら」以上に差別的な文脈で使われている例はいくらでもあり、コメディアンが精神障害者を「頭の不自由な人」と言ったりすること自体、直接的な表現を使わずに、差別がなされていることを示している。ちなみに英語の hagfish の hag も魔女とか醜女という意味の、きわめて差別的な用語である。

今回の勧告ではメクラウナギのほかに、差別的表現を含む計二二種の改称が提案されている。同じくメクラを含むメクラアナゴはアサバホラアナゴに変えられた。オシザメからチヒロザメ、セムシウナギからヤバネウナギなど改称に異論はないが、いささかやりすぎではないかと思われるものもある。

バカジャコをリュウキュウキビナゴにするのは、種名としてはよりわかりやすくなったが、バカがついているから駄目というのは神経質すぎるだろう。イザリウオからカエルアンコウへの改称も疑問だ。「いざり」がもともと差別用語であるのは確かだが、車椅子が発達した現在では、嘲りの対象となった「いざり」は街頭でほとんど見かけなくなり、事実上死語と言える。一方で動詞の「いざる」が今でもまれに使われることを考えれば、わざわざ改称する必要があるのかという疑問は残る。

和名のことに触れたついでに、まちがいが定着してしまった和名の代表例を三つほどあげておこう。一つは、水族館の人気者バンドウイルカで、これは正しくはハンドウイルカなのだが、ほとんどのマリンパークではバンドウイルカと呼んでいる。字は「半道」で、古くから九州から能登半島までの日本海沿岸で使われていた呼称で、江戸時代の書物にも、この名で記載されている。名の由来については二説がある。一つは頭の形から「入道」と呼ばれていたオキゴンドウとよく似た頭部をもっているが、入道と呼ぶにはいささか中途半端なので半道になったというものである。もう一つは、表情が笑っているように見えるところから、歌舞伎用語で道化役を指す半道が当てられたというものである。ちなみに英名は bottlenose で瓶のような鼻という意味である。日本人と欧米人の目の付け所のちがいが面白い。

バンドウイルカという呼び名は一九五七年に鯨類研究家の西脇昌治博士が標準和名として提唱してからのことだが、「板東」を連想させ、言葉の響きがいいことからひろく受け入れられることになってしまった。西脇博士はその著書『鯨類・鰭脚類』（一九六五年刊）において、バンドウイルカを正式名とし、ハンドウを異名としたことが、その流れにさらに拍車をかけることになった。

同じようなまちがいは、掃除魚として有名なホンソメワケベラにも起こっている。この英名はbluestreak cleaner wrasseで直訳すれば「青い縞をもつ掃除するベラ」という意味である。色はちがうが同じような縞模様をもつソメワケベラと呼ばれる近縁種がいて、それよりも少し細めの体をしているところから、ホソソメワケベラという和名がついたのだが、この「ホソ」が誤植によって「ホン」となり、いつのまにか定着してしまった。ホンは本家の本に通じるので、響きがよいのが受けたのであろう。

最後はゴキブリで、生物学史家の小西正泰氏の『虫の文化誌』によれば、この虫はもともと「御器噛《ごきかぶ》り」と呼ばれていたが、岩川友太郎［一八五五－一九三三］の編になる日本で最初の生物学英和対訳辞典『生物学語彙』（一八八四年刊）で、このルビである「ゴキカブリ」が一か所脱字によって「ゴキブリ」になっていて、それを教科書が採用してしまったために、正式な和名として定着してしまったと言われている。

ただし、ゴキカブリというのは、江戸時代になってからできた呼び方で、それ以前には「あぶらむし」（関西地方では現在でもこう呼ぶ人が少なくない）や「あまめ」で、『日葡辞書』（一六〇三年刊）にはこの二つが載っている。さらに古くは、「つのむし」「あくたむし」（たとえば一二世紀の『伊呂波字類抄』）などという呼び名があった。

5章　進化論をめぐる思い違い

進化論は過去に起こった出来事を対象にしていて、実験によって確かめることができないために、古代史と同じように、素人による異論がたえない。しかし、さまざまな状況証拠から、現在ではかなり確かな進化の道筋が明らかになっている。

本章では、進化論にまつわる訳語の問題についてみてみよう。

自然選択 natural selection

この言葉は、明治以降、ほとんどの人が「自然淘汰」（加藤弘之の造語とされる）と訳してきた。ところが、「淘汰」の字が一九八一（昭和五六）年に告示された常用漢字表に含まれなかったために、自然選択への言い換えが推奨されることになった。文部省（当時）の学術用語集では、最初は「自然淘汰」と「自然選択」の両論併記だった（現在の増訂版では「自然選択」のみ）が、教科書では自然選択に統一されてしまう。

八杉龍一訳の岩波文庫版『種の起原』でも、ずっと自然淘汰だったが、一九九〇年に改版（現在流通しているもの）されたときに、教科書で使われていることを理由に「自然選択」に改められた。

しかし、私はこれに反対で、自分の翻訳では一貫して「自然淘汰」で通してきた。理由の第一は、この言葉がすでに歴史的に定着した訳語であり、先取権という観点からも、明確な根拠がなければ変えるべきでないということ。第二に淘汰が悪いものをふるい落とすという意味しかもたないから selection の訳語にふさわしくないという意見を容認できないことである。

もともと「淘」は水で洗う、「汰」は水が濁るという意味で、諸橋轍次《てつじ》の『大漢和辞典』でも、淘汰の意味は、一が「洗い清める。洗って選り分ける。精選する」、二が「すぐる。悪しきを去り、良きを取る」とある。

また『唐詩選国字解』附言の用例では、淘汰を「砂にまじった金を水にひたしてよりわけ、真金にすること」と説明しており、明らかに良いものを選び取るという意味合いである。また大槻文彦の『大言海』にも「ヨキモノヲ取リ、不用ノモノヲ除クコト」という語義が見える。

チャールズ・ダーウィンは「Dノート」（一八三八年九月二八日付）で、selection の意味で sort out（篩い分け）を使っているし、『種の起原』では、natural selection に、有利なものを選び出す場合と劣ったものを除く場合があることをはっきり述べており（第四章の冒頭、'This preservation of favourable variations and the rejection of injurious variations, I call Natural Selection. 八杉訳では「有利な変異が保存され、有害な変異が棄てさられていくことをさして、私は〈自然選択〉と呼ぶのである」となっている）、この意味で淘汰こそがふさわしい。また。第三に、まさにそのゆえに選択という訳語は、良いものを選ぶ場合にしか適合しないから適切ではない。

この学術用語集の影響で（ただし『岩波生物学辞典』は自然淘汰を採用しつづけている）、進化関係の啓蒙書では一時期「自然選択」という訳語が多数派を占めていたが、近年、自然淘汰派が勢いを盛り返しつつある。

その理由の一つは、ワープロの普及によって漢字制限が無意味になってきたことだが、もう一つ大きな理由がある。それは進化生態学において、配偶者選択（mate choice）という概念が重要になってきたことだ。

小鳥の美しい体色や飾りバネ、ライオンのたてがみ、鹿の角といった、主として雄にのみ特異的に見られる形質は、雌がそうした形質を基準にして雄を選ぶ（配偶者選択）から進化したという考え方があり、これを性淘汰（sexual selection）という。性淘汰を性選択と翻訳すると、配偶者選択による性選択という紛らわしい表現になってしまう。そこで、やはり自然淘汰に戻そうという動きが大勢を占めつつあるというわけなのだ。

天変地異説　catastrophism

激変説、天災説という訳語もあり、天変地異説がかならずしも定訳とは言えない。catastropheは、大惨事や災難、大失敗などを意味する言葉で、ギリシア語のkata（下へ）とstorophe（ひっくり返す）、つまり天地がひっくり返るような事態を指す。転じて、演劇においては破局、悲劇的結末、数学においては不連続な現象を意味する言葉となり、ここからカタストロフ理論が生まれた。地学においては地殻の大変動（cataclysm）と同義とされ、catastrophismはこの用法に由来する。

天変地異説は一八世紀から一九世紀にかけて活躍したフランスの博物学者ジョルジュ・キュヴィエ［一七六九－一八三二］らが提唱した一種の生命進化説である。キュヴィエは、化石の記録に地層による断絶があることから、地質時代を通じて、何度か天変地異が起こり、そのたびに前の年代の生物がほとんど絶滅し、生き残った少数のものから次代の生物群が形成されたと考えた。

米国の博物学者ルイ・アガシー［一八〇七－一八七三］らは、天変地異後の新しい生物群の形成に神の創造をもちこんだ。この説は種の不変を前提としており、近代以前のキリスト教的世界観とよく一致していたために、当時の学界でひろく認められていた。

天変地異説は化石生物の変遷にみられる断絶ないし不連続を説明するための理論であるが、神をもちだすのは科学的説明の放棄につながる。生命の不連続性よりも連続性の方が重要であるという観点から批判したのが、斉一説（uniformitarianism）である。これは正しくは「せいいつ」と読むべきであるが「さいいつ」という読み方も通用している。

斉一説は英国の地質学者ジェームズ・ハットン［一七二六－一七九七］が最初に提唱したもので、歴史の連続性を重視するところに特徴がある。自然法則は過去も現在も同じはずであり、過去の地質現象は、現在の自然現象を注意深く観察すれば、天変地異などもちださなくともいいとした。

ハットンの説をさらに確固たるものにしたのがチャールズ・ライエル［一七九七－一八七五］で、その『地質学原理』によって、天変地異説と斉一説のあいだで戦わされた地質学的論争は斉一説の勝利に終わった。

ライエルの『地質学原理』はダーウィンの進化論に大きな影響を与えた。ダーウィンの進化論では、進化は生物が長い時間をかけて自然淘汰を通じて変化すると考えるので、一種の斉一論であるが、ゆっくりと連続的に変化するという点を強調して漸進説（gradualism）とも呼ばれる。

漸進説は現代進化論の主流ではあるが、進化の速度がかならずしも一定でなく、化石の記録を見るかぎり、短期間に大きな変化の見られる時期と変化のほとんど見られない安定期とがあるという異論が、ナイルズ・エルドリッジとスティーヴン・J・グールドの断続平衡説（punctuated equilibrium theory）である。この訳語についても、区切り平衡説、分断平衡説などの異訳があるが、いまのところ断続平衡説がもっともよく使われている。

先に天変地異説は斉一説に破れたと述べたが、その後の古生物学的研究によって、地球の歴史上、実際に天変地異と呼ばれるような種の大量絶滅をともなう激変が、少なくとも五回はあったことがわかってきた。それは、オルドビス紀末（四億四六〇〇万年前）、デボン紀末（三億五七〇〇万年前）、ペルム紀末（二億四七〇〇万年前）、三畳紀末（二億一二〇〇万年前）、および恐竜を絶滅させたことで有名な白亜紀末（六五〇〇万年前）で、そもそも〇〇紀という地質年代の名前が変わるのは、その地層に含まれる化石の種類がまったく異なることをもとにしているのだ。この点では、キュヴィエの天変地異説はほとんど正しかったとさえ言えるが、その解釈は異なる。

種は漸進的に変化するが、そうした天変地異は生物の生息環境に劇的な影響を与え、適応できなかったものが絶滅し、適応できた少数の種が、競争相手のいなくなった世界へ適応放散（adaptive radiation）していくというのが、現在の主流的な考え方である。

この radiation という単語も厄介で、生物学では一つの種がさまざまな環境にもっとも適した形や生理的状態へ変化して、分化していくことを意味して「放散」と訳されるが、物理学では「放射線」や「輻射」と訳さなければならない。

古生物学がらみでむずかしいのは地層がらみの用語で、地層は stratum（複数形は strata）または rock stratum であり、学術用語としては formation（累層と訳されることが多い）がある。困るのは rocks で、これは岩石のことで、いかなる英和辞典、地質学事典にも「地層」という訳語は載っていない。

しかし、Cretaceous rocks are the thickest of the Mesozoic rocks in Kansas（Merriam, 1963）といった用例では、明らかに地層を指している。私は文脈に応じて地層と訳すことがある。定義では地層とは岩石または土壌の層のことであるから、堆積岩からだけできているときには、岩石の集まりを地層と呼んでもいいだろうと思う。

恐竜　dinosaurus

ディノサウルスはラテン語読みで、ドイツ語ではディノザウルス、英語ではダイナソールスと読み、単数形はダイナソー dinosaur になる。dinosaurus という言葉は、一八四二年に英国の解剖学者、リチャード・オーウェン［一八〇四－一八九二］がつくったものである。彼は英国科学振興協会から、英国産の化石爬虫類のすべてを再調査するように依頼された。

その結果、メガロサウルス、イグアノドン、ヒレオサウルスの化石が、他の爬虫類と根本的に異なる特徴（四肢が他の爬虫類のように横に投げだされているのではなく、胴体の下についている）をもつことに気づき、特別な爬虫類として名前をつけることにした。それが dinosaurus で、ギリシア語の deinos と saurus をつなぎあわせたのである。

この deinos は形容詞で恐ろしいという意味があり、saurus はトカゲすなわち爬虫類という意味で使われているので、英語では terrible lizard と訳されてきた（『オックスフォード英語大辞典』でもそうなっている）。これが日本語（および漢語）では恐竜と翻訳されたのである。

ところが近年、オーウェンは deinos を最上級、つまり恐ろしいほど大きな、という意味で使っていたことが明らかになり、fearfully great, a lizard が正しい英訳だとされるようになった（スミソニアン博物館でもこちらを使っている）。そうなると恐竜は一種の誤訳という話になってしまう。もはや取り返しがつかないのは、言うまでもない。

日本語の「恐竜」は明治二七（一八九四）年に横山又次郎が『化石学教科書』ではじめて使い（横山は「放散虫」や「始祖鳥」といった訳語もつくったとされている）、これがのちに中国でも使われるようになったというのが定説になっている。しかし、lizard に竜の字を当てるのは、横山の独創ではない可能性もある。なぜなら、漢方では大型哺乳類の化石を「竜骨」と呼んで珍重しており、その連想から中国で化石爬虫類を竜と呼んでいたかもしれないからだ。

日本の近代的動物学の創始者の一人である飯島魁《いさお》は、大正七（一九一八）年に出版された『動物学提要』において、「恐竜」に異を唱え、原語に忠実な「恐蜴《きょうえき》」という訳語を提案したが、世に受け入れられなかった。なお、林語堂の『當代漢英詞典』では、dinosaur の訳として「恐龍」が当てられている一方で、sauria は正しく「蜥蜴」と訳されている。

恐竜は、竜盤類と鳥盤類という二つのグループに大別される。両者を区別するのは骨盤の構造で、竜盤類（Saurischia）は腸骨の下に恥骨と座骨が前後に開いた形でついているのに対して、鳥盤類では、恥骨が座骨とくっつくような形で後方についている。この位置関係は鳥類の骨盤とよく似ている。

鳥盤類（Ornithischians）の学名はラテン語の ornitho（鳥の）と ischium（座骨、ひいては骨盤）をあわせたもので、鳥のような骨盤をもつものという意味になる。これに対して竜盤類の学名は saurus（トカゲ）と ischium をあわせたもので、トカゲのような骨盤をもつものという意味である。したがって、竜盤類、鳥盤類というのは、理に適った訳語である。

しかし、そのあとの恐竜の進化が話をややこしくした。というのは、鳥盤類は鳥類の祖先ではないからだ。鳥類が進化してきたのは竜盤類からなので、頭がこんがらがってしまう。鳥盤類は草食性の恐竜で、嘴《くちばし》をもつという特徴がある。剣竜（ステゴサウルス類）、曲竜（アンキロサウルス類）、角竜（ケラトプス類）、カモノハシ竜（ハドロサウルス類）、鳥脚類（イグアノドンほか）などが含まれるが、すべて白亜紀末に絶滅した。

竜盤類のほうは、さらに竜脚類（sauropoda）と獣脚類（teropoda）とに分けられる。poda は脚のことだ。竜脚類は草食性で四足歩行をし、首が長く、全長四〇メートルにも達することがあった。ディプロドクス、ブラキオサウルス、そしてカミナリ竜という異名をもつアパトサウルス類に代表される。

獣脚類はティラノサウルスやケラトサウルス類、コエルロサウルス類に代表されるような二足歩行の大型肉食恐竜で、そのうちのデイノニクス類から鳥類が進化したと考えられている。恐竜はすべて白亜紀末に絶滅したが、鳥類という姿で、その末裔が現在まで生き残っていることになる。

中生代に繁栄した爬虫類は陸上の恐竜だけでなかった。空には翼竜(プテロサウルス)がいた。英語では pterosaur 、あるいはラテン語を英訳した winged lizard と呼ばれる。竜の字がついているので「空飛ぶ恐竜」などと呼ばれるが、正しくは「空飛ぶトカゲ」であり、三畳紀の中期あたりに恐竜から分かれた別グループである。翼竜が空飛ぶ爬虫類であることを発見したのは、一九世紀のフランスの博物学者、ジョルジュ・キュヴィエである。

海ではまず魚竜(イクチオサウルス)が繁栄した。学名 *Ichthyosaurus* の Ichtyo は言うまでもなくラテン語の魚に由来し、「魚のようなトカゲ」という意味である。こちらも恐竜ではない。恐竜より前(三畳紀前期)に出現し、白亜紀に入ると首長竜に地位を追われ、恐竜よりずっと早く絶滅した。その姿と生態は現生のネズミイルカに似ていたと思われる。魚竜のはじめての完全な化石は、一八一一年に英国で、メアリー・アニング[一七九九-一八四七]によって発見された。

首長竜（プレシオサウルス）の学名 *Plesiosaurus* は、英国の古生物学者ウィリアム・コニビア［一七八七－一八五七］によって命名されたもので、魚竜よりもふつうのトカゲ（爬虫類）に「近い（plesios）」という意味である。したがって、もちろん恐竜ではない。ジュラ紀から白亜紀にかけて栄えた水生爬虫類で、ほとんどのものは、和名の通り首が細長かった。首が蛇を連想させるところから、蛇頸《だけい》竜と呼ばれたこともある。

竜とドラゴンの関係から、ドラゴン伝説は恐竜を見た時代の人間がつくりあげた伝説だという妄説もあるが、人類が誕生したのは、恐竜が絶滅してから何千万年も後のことなので、科学的にはまったくありえない話である。

藍藻　blue-green algae

かつてこの名で呼ばれていた生物は、現在では、シアノバクテリア（cyanobacteria）ないし藍色細菌と呼ぶのが正しい。コンブやワカメなどのいわゆる藻類とはまったく系統の異なる生物だからである。基本的には単細胞だが、しばしば糸状にならんだ群体をつくる。

青粉《あおこ》の主成分で、水面を深い青緑色に覆い尽くすところから、藍あるいはblue-greenという名前がある。cyanoも、ギリシア語の「青」からきている。しかし、なかには赤、緑、黒などの色を呈する種類もある。また多糖類の粘液物質を分泌して水槽の壁面をネバネバした膜で覆うのでslime algae（ネバネバ藻）という俗称もある。

一部には食用になるものがあり、熊本県の名産水前寺ノリ（クロオコックス類）、アフリカや中南米の熱帯地域の湖に生育するスピルリナ（ユレモ類）、中華料理の高級食材髪菜《はっさい》や日本で万葉の時代から食用とされた河川の岩につくアシツキ、あるいは陸上に生育するイシクラゲ（いずれもネンジュモ類）などが知られている。

昔は植物界に属する一つの門とされていたが、核膜に包まれた核をもたない原核生物で、光合成色素はもつが葉緑体をもたないなどという点から、植物ではなく細菌と同じグループに属するものと見なされることになった。

一九六〇年代まで、学校では、生物はすべて動物か植物のいずれかに分類されると教えられていて、運動能力はあるが光合成もするミドリムシは植物なのか動物なのかという論争が絶えなかった。植物派はこれを渦鞭毛藻類と呼び、動物派は渦鞭毛虫類と呼んで、二重戸籍のような状態が長くつづいた。

現在では、体のつくり（体制）と細胞の構造および機能のちがいを基準にして、生物全体を動物界、植物界、菌界、原生生物界、モネラ界の五つのグループに分ける五界説が主流になっている。

動物界、植物界についてはは説明するまでもないが、あとは少し説明が必要だろう。菌界は細菌とまぎらわしいが、菌類のことで、いわゆるキノコ、カビ、酵母の仲間である。モネラ界は原核生物の集まりで、ここに藍藻つまりシアノバクテリアと細菌類が含まれ、原生生物界はモネラ界に属するものを除く（つまり核膜につつまれた核をもつ真核生物の）雑多な単細胞生物の集まりで、さきほどのミドリムシはここに含まれる。もはや、植物であるか動物であるかという議論は無意味になったわけだ。

しかし、ＲＮＡの比較研究などをもとにしたさらに新しい考え方では、すべての生物は古細菌、真正細菌、および真核生物という三つの区分《ドメイン》に分類されることになった。これを五界説に当てはめると、モネラ界が古細菌ドメインと真性細菌ドメインに分かれ、残りのすべての界が真核生物ドメインに入ることになる。

むずかしい分類の話はさておいて、シアノバクテリアが地球上の生命の進化において重要な役割を果たしてきたことは述べておかなければならない。第一に、およそ三五億年前に出現し、世界中で大繁殖したシアノバクテリア類は（その名残りはオーストラリア西海岸のストロマトライトと呼ばれる群体に見られる）、光合成を通じて大量の酸素を放出し、地球の酸素濃度を大幅に上昇させ、のちの生物進化の前提条件をつくったことである。単細胞生物から多細胞生物へ、鰓呼吸から肺呼吸への転換は、酸素濃度の上昇なくして起こりえなかった進化的大事件であった。

第二に、シアノバクテリア類は真正細菌と細胞内共生することによって、植物細胞内の葉緑体となったことである。それが植物の大躍進を可能にし、ひいては陸上の豊かな動物相の進化をもたらしたのである。

いまでこそ、環境汚染の指標になりさがった厄介者であるが、かつて果たした偉大な役割に免じて、シアノバクテリア類をもう少し、温かい目でみてやろうではないか。

類人猿　ape

英語にはサルを表す単語として、ape と monkey がある。もともと両者は厳密な使い分けがあったわけではないが、一般に ape は尾のないサルを指すようになった。さらに霊長類に関する分類学的な知識が深まるにつれて、とくにサル学者のあいだで、ape は類人猿のみに限定し、その他のサルを monkey と呼ぶ約束事が成立し、現在では日常的にもそう区別されるようになっている。日本にはニホンザルしか生息せず、類人猿はいないので、どちらにも猿という訳語を当てることがある。

デズモンド・モリスの『裸のサル』は The Naked Ape だし、映画『猿の惑星』も Planet of the

Apes である。この映画に出てくるのは、ゴリラ、チンパンジー、オランウータン（このほかにテナガザルも類人猿に含まれる）だからまぎれもなく、類人猿である。厳密に訳せば、『裸の類人猿』『類人猿の惑星』となるところだが、語感が悪いので、猿でもいいのだろう。

動物学の分野でさえ、ape と monkey の混用は、ごく最近までおこなわれていて、現在バーバリーマカクと呼ばれているサルは、ついこのあいだまで、バーバリーエイプと呼ばれていたのである。

ヨーロッパにはサルも類人猿もいないが、エジプトを含めた北アフリカと交流のあったギリシア・ローマ世界では、サル類は知られていた。アリストテレスの『動物誌』には、ヒトと四足類の性質を兼ね備えた動物として、サル（pithekos）、オナガザル（kebos）、イヌザル（kynokephalos）があげられている。

岩波文庫版の島崎三郎氏の訳注によれば、それぞれ、現在のマカク属、オナガザル科、ヒヒ類を指しているようである。いずれもサル類で、類人猿がヨーロッパに紹介されるのは、ずっと後で、ゴリラは一九世紀、チンパンジーは一七世紀の半ば、オランウータンとテナガザルは一八世紀の末である。

それぞれの発見や学名の変遷は、いずれもなかなかに興味深いものであるが、ここはそれを語る場ではない。テナガザル類の英名は gibbon だが、なぜかそのうちのフクロテナガザル類には siamang という別の英名があり、gibbon and siamang と書かれていれば、広い意味のテナガザル類のことなのである。

動詞apeには「猿まね」という意味がある。『オックスフォード英語大辞典』の初出は一六三二年で、はじめてチンパンジーがヨーロッパに紹介されたのが一六四〇年代だから、このapeは類人猿を頭に置いているのではないかという疑問が浮かぶのだが、実際にはサルのことであるらしい。なぜなら、プリニウスの『博物誌』に、サルが人間の真似をするという習性を利用した捕獲法のことが述べられているからで、古典時代から人真似がサル類の習性として知られていたのである。

類人猿は文字通りには、人に似た猿という意味で、人類にもっとも近いサル（ヒト科動物）である。ダーウィンが進化論を発表したとき、もっともよく出された反論は、猿が人間の祖先であるはずがないというもので、いまでも創造論者たちはそう主張している。誤解のないように言っておくと、現生の類人猿が人類に進化するわけではない。ダーウィン説は、類人猿と人類が共通の祖先から分かれて進化したということを言っているにすぎない。

同じような俗説として、人類が、猿人→原人→旧人→新人という系列をたどって進化したというものがある。これらの名称は今まで発見されている化石人類につけられた名前であって、それらが、上のような直線的な先祖系列をなしているわけではない。猿人は英語ape manの直訳で、まだ猿の面影を残す人類という意味だ、英語も日本語も、科学的に定義された概念ではない。

一般的にはヒトにいちばん近いとされるアウストラロピテクス属のほか、パラントロプス属や七〇〇万年前～六〇〇万年前の地層から発見され最古の人類とされるサラヘントロプス属などが含まれる。このグループは一三〇万年前くらいまで生き残っていたと考えられる。

原人は、二〇世紀半ばにドイツの人類学者フランツ・ワイデンライヒ［一八七三－一九四八］が旧人の祖先として提唱した Archanthropinae の翻訳であり、当時の北京原人やジャワ原人を念頭においていた。これらの原人はかつてピテカントロプス属とされていたが、現在では、ホモ・エレクトゥスと呼ばれる。ほかに現在はホモ属に編入された数種も原人に含まれる。およそ一八〇万年前～二〇万年前くらいまで生き残り、前期旧石器文化の担い手と考えられている。

旧人は一九一六年にエリオット・スミス［一八七一－一九三七］が提唱した Paleanthropine の翻訳である。昔の人類という意味で、中期旧石器文化を残したいわゆるネアンデルタール人を想定していた。ネアンデルタール人は現在では旧人ではなく、ホモ・ネアンデルタレンシスと呼ばれている。生息期間は六〇万年前から三万五〇〇〇年前とされる。

最後にくるのが新人で、二〇世紀のはじめにイギリスの人類学者アーサー・キース［一八六六－一九五五］が提唱した Neanthropine の翻訳で、クロマニヨン人を想定していた。学名はホモ・サピエンスで現生人類（ホモ・サピエンス・サピエンス）はその亜種と考えられている。現生人類は二五万年ほど前に誕生し、およそ五万年前にアフリカから世界各地にひろがっていたことが、DNAを用いた系統学的研究によって明らかにされている。これが後期旧石器文化の担い手である。

いずれにせよ、猿人、原人、旧人、新人という名称は、直線的な進化を想定した誤った用語であり、現在の人類学者は使用していない。原人や旧人は現生人類の直接の祖先ではなく、祖先から派生した親戚的な人類であることがわかっており、実際に同じ場所に共存した証拠も出ている。ところが日本の考古学者のなかには、いまだに原人や旧人から新人が進化したなどと考え、前中期旧石器文化が日本に存在したという妄想を抱いている人がいる。正しい人類学的知識があれば、旧石器捏造事件などはありえなかったはずなのだ。

優生学　eugenics

チャールズ・ダーウィンの従弟、フランシス・ゴルトン［一八二二―一九一一］の造語になるこの言葉は、ギリシア語の eu（よい）と genics（生まれ）という意味をもっている。ゴルトンは、一八八三年に『人間の能力およびその発達』ではじめてこの言葉を使った。その問題意識は、当時の英国社会が、社会福祉政策の導入や戦争のために、すぐれた性質をもつ人間が残っていくための自然淘汰の働きが妨げられた劣生学（dysgenetics）状態にあるという危機感であった。そして、優生学を「人種の生まれつきの質の向上発展に影響するすべての要因、ならびにそれらを最大限に発揮させることに影響する要因を扱う学問」と定義した。したがって、後世の優生論者のように実践を目指したわけではなく、情報収集と研究を当面の目標としていた。

ゴルトンの発想に含まれる社会進化論的な含意に着目した人々によって、優生学は具体的な政治課題となっていくが、その方針は、劣った形質（つまり先天的遺伝疾患）をもつ人間の繁殖を抑制する消極的（negative）なものと、すぐれた形質をもつものを優先的に繁殖させる積極的（positive）なものに大別される。前者の例が断種、後者の例はノーベル賞受賞者の精子銀行を創設して天才児をつくろうとしたといった試みである。

アメリカにわたった優生思想が、一部の州で、断種をふくむ消極的優生政策を実行し、犯罪者をはじめとして多数の断種をおこなった。とくに一九〇九年に制定されたカリフォルニア州の断種法は悪い意味で画期的なものであり、ナチスドイツの断種法のモデルを提供することになる。

優生学は、ドイツで民族衛生学（Rassenhygiene）という名で呼ばれることになる。このhygiene は英語も同じで、健康を意味するギリシア語に由来する。民族の健全にとって悪しきものを取り除くという意味である。

一九三三年にヒトラーが政権を握ると、悪名高き「遺伝性疾患子孫防止法」という名の断種法を制定する。これは先天的な遺伝的疾患をもった人間の断種を認めるものであった。さらに「血統保護法」（正式には「ドイツ人の血と名誉の保護のための法律」）を制定して、ユダヤ人排斥を組織的におこない、最終的にはホロコースト holocaust にまで行き着く（ナチスはこれを「ユダヤ人問題の最終的解決」と呼んだ）。

ちなみにホロコーストはギリシア語の全部（holos）焼く（kaustos）に由来するもので、神に丸焼きの生贄を捧げる儀式に起源をもつ。のち一九九〇年代の旧ユーゴスラビア紛争で民族浄化（ethnic cleansing）という言葉が生まれるが、これは民族衛生やホロコーストの思想を濃厚に受け継ぐもので、ほかの民族を殲滅するというおそるべき内容をもつ。

優生学と深いかかわりをもつのが安楽死（euthanasia）で、皮肉なことにこちらにも eu がある。thanasia の語源はギリシア語の死（thanatos）で、あわせてよき死という意味になる。西部劇などで、傷ついたウマやイヌを苦しませるのは可哀想だとして射殺する場面を見受けるが、それを慈悲殺（mercy killing）と呼ぶのは、人間の思い上がりとしか思えない。

安楽死にも積極的と消極的の区別があり、積極的安楽死とは毒物などによって実際に死に至らしめることで、自分でやれば自殺、他人がやれば殺人である（オランダのほか二、三の国では、厳密な条件のもとで合法化されている）。

ナチスドイツがおこなった積極的安楽死は優生学的な大義名分のもとにおこなわれた。消極的安楽死は延命措置を中止することによって死に至らしめるもので、本人の明確な意思表示があれば、尊厳死として、ほとんどの国で合法的な行為と認められている。

遺伝学用語の優性 dominant は、同じ音だが、まったく意味が異なる。優生の方は、すぐれた形質を残すことだが、遺伝学における優性形質はすぐれたものであるという保証は一つもない。遺伝子が一つ（ヘテロの状態）でもあれば発現する形質のことで、致命的な病気のもとになる優性形質もたくさんある。たとえばハンチントン病という致死的な病気は中年になって発病するおそろしい病気だが、これは優性形質で、遺伝子が一つあれば発病する。

一方、フェニルケトン尿症や鎌状赤血球症という病気は劣性（recessive）形質で、遺伝子が二つ（ホモの状態）なければ発病しない。つまり悪い病気が優性であることも劣性であることもあるのである。

利己的な遺伝子　selfish gene

これほど有名でありながら、これほど誤解されている生物学用語は珍しいだろう。人間の利己的な行動を説明する原理として、利己的遺伝子説がもちだされているのをたびたび目にするが、翻訳者の一人としてまことに悲しい。本当にドーキンスの『利己的な遺伝子』を読んだのかと叫びたくなる。奇矯に聞こえるかもしれないが、利己的遺伝子説は実を言えば、利他的な（altruistic）

な行動を説明するための理論なのである。

ダーウィンの進化論は「生存競争」あるいは、「最適者の生存」を自然淘汰のメカニズムと考えていた。つまり、同じ種の個体どうしはつねに生き残りをめぐって競走しており、もっともうまく立ち回れたものが生き残るというわけだから、もっとも利己的にふるまう個体が生き残ることになる。だとすれば、他人のために自らを犠牲にする個体が生き残れるはずもなく、利他的な行動が進化するわけがない。

しかし、現実には、親が子を守るために、傷ついたふりをする擬傷や、互いに毛づくろいしあったり、群れを守るために身を犠牲にしたりする行動、他の個体の子供を育てるハチやアリといった利他行動が数多く見られる。これをどう説明すればいいのか、とくに社会性昆虫の不妊雌の存在はダーウィンにとって頭の痛い難問であった。

『種の起原』の第七章「本能」において、これが、進化論にとって克服できないほどの致命的な問題であるかに思えたと書いている。最終的にダーウィンは、個体ではなく、集団（コロニー）単位での自然淘汰、現代風に言えば、一種の群（グループ）淘汰をもちだして、かなり苦しい説明をしている。

動物行動学（エソロジー Ethology）の祖であるコンラート・ローレンツ［一九〇三－一九八九］も、種（集団）の利益という観点から利他的行動を説明していた。しかし、たとえそうだとしても、利他的な行動をとる集団に利己的な個体が紛れ込めば、成功は疑いないので、時間がたつうちに利己的な個体の数が多くなり、集団としての利他性は崩壊せざるをえない。依然として、これは進化論の難問でありつづけた。

これを解決したのが、ハミルトンによる血縁淘汰説と、包括適応度という概念であった。その詳細は専門的な話になるので省くが、要は、自然淘汰の単位を個体ではなく、遺伝子だとみなすことにある。

遺伝子が淘汰の単位であれば、たとえ個体にとって不利益であっても、血縁者に含まれる自分と同じ遺伝子が生き残るのに役立つような行動は進化できることになる。これをジャーナリスト受けするフレーズにしたのが、「利己的な遺伝子」なのである。

言い換えると、ドーキンスは、それまで、個体が利己的に振る舞うことによって進化が起こると考えられていたのに対して、利己的に振る舞うのは個体ではなく遺伝子であることを強調したにすぎないのだ。利己的遺伝子説は、浮気を正当化するような理論ではけっしてないのである。

個体と遺伝子のレベルの混同が利己的遺伝子説の誤解を生んでいるとすれば、種間の出来事と種内の出来事の混同によって、ひろく誤解されているのは、「生存競争」という概念である。もとの英語は struggle for existence または struggle for life であるが、一八八二(明治一五)年に出版された『人権新説』で、この語をはじめて日本語に訳した加藤弘之[一八三六－一九一六]が、これを弱肉強食と同一視したのがいけなかった。

弱肉強食は、もとは漢語で、唐代の儒者、韓愈《かんゆ》[七六八－八二四]が文暢という僧に贈った送別の辞「送浮屠文暢師序《ふとのぶんちょうしをおくるのじょ》」に、「弱者は強者の餌食となる（弱之肉強之食）」と書いたことによるもので、その心は、鳥や獣はこうした血みどろの生活を送っているが、人間は文化があるので、そういうことにはならないという意味であった。

この文脈が指しているのは、食う種と食われる種という異種間の争いであるが、ダーウィンのいう生存競争は、同じ種のあいだで生き残りをかけた競争のことであり、根本的にちがう。生存競争は強い者どうし、弱い者どうしのあいだに存在するので、捕食者が獲物に勝つのとは関係がない。

捕食者のあいだでは餌をうまくとることをめぐる競争があり、うまく餌をとれない捕食者は生き残れない。食われる側の動物のあいだにも競争があり、捕食者を出し抜くだけのスピードや戦略をもつ個体は生き延びることができる。これが正しい意味の生存競争なのである。

生存競争の結果、与えられた環境にもっとも適したものが生き残ることを適者生存、または最適者生存というが、こちらについても、加藤弘之は『人権新説』で「優勝劣敗」という訳語を造語した。

大槻文彦の『大言海』は、「優勝劣敗」について、「英語 survival of the fittest ノ訳語。四囲ノ境遇ニ適セル者ノ生存スル意ナルヲ、誤用スルナリ」と喝破している。ともかく、加藤弘之が、「弱肉強食」や「優勝劣敗」という訳語をもって進化論を紹介したために、日本の進化論はその後長く、社会ダーウィン主義的な色合いで受け止められることになった。

血縁淘汰説は近縁個体間の利他行動は説明できるが、血縁のない個体間の利他行動の進化を説明できない。それについては、互恵的利他主義説というのがある。これはその動物に記憶力があることが前提になるが、親切を施せば、いつかお返しをしてもらえ、逆にいつも不親切にしていれば、そのうちにしっぺ返しをくらうから、利他的な行為は当の個体にとって利益になるという考え方で、毛づくろいや餌の分配はこれで説明される。

そのほかに、気前のいい個体であるという評価を得ることが、繁殖上有利になるからだといった、社会生物学的な説明もなされている。

6章　心理学用語の憂鬱

心理学者に格別の恨みがあるわけではないが、心理学関係の訳語に無神経で直訳的なものが多いのには困る。まちがっているというのではないが、日本語としてはなはだ据わりが悪く、原語を知らない人にとってはほとんど意味不明なのである。

医学と同じように、学者うちだけで通用するジャーゴンの典型と言えよう。

統制群　control group

ある心理学の本で、この訳語にはじめて出会ったとき、私は仰天した。もちろん正しくは対照群とすべきであり、実験群（experimental group）と対比して使われる。工学、物理学、化学、生物学、医学をはじめ、実験を必要とする学問分野ではすべて対照群と訳されている。

これは翻訳者による誤訳にちがいないと思ったのだが、調べてみると、なんと心理学（および一部の社会学）ではこう訳すことになっているようで、日本心理学会の『学術用語集 心理学編』

にも載っている（ただし、対照群という訳語も併用されているが）。

対照群というのは、実験結果が本当にその実験の効果であることを確認するためのものである。ある化学物質を注射して効果がでたときに、その物質が原因だと考えるのがふつうだが、かならずしもそうとはかぎらない場合がある。

たとえば無脊椎動物の卵を発生させるためになにが必要な物質であるかを確かめようとする場合、針を刺すという刺激だけで発生がはじまってしまうことがある。この場合、注入した物質が原因であるとは言えない。こういう事態をさけるためにおこなうのが対照実験（control experiment）で、実験群のほかに対照群というものを設定して、その物質を含まない、たとえば生理的食塩水を注射して、両者の結果に差があるかどうかを調べるのである。もし差がなければ、原因は注射による刺激だということが推測される。

たとえ機械を用いた実験でも、観測者が人間であるかぎり、観測データの読み取りや評価に心理的な偏り（バイアス）が影響を及ぼすことがある。あるオペレーターが操作したときに機械が意味のあるデータをだせば、オペレーターを変えて（その実験の目的を知らない人間であることが望ましい）同じことをするのが対照実験になる。もし別のオペレーターが操作しても同じデータが出れば、はじめてそのデータの客観性が保証されるわけだ。

このように二つの実験結果を比較対照することによって批判的な評価をするのが、対照実験の意味であり、この control は何かを統制したり、何かが統制されたりしているという意味ではなく、この手法によって、人為的な偏りがまぎれこまないように、制御・チェックするという意味である。したがって、心理学における「統制群」という訳語は、明らかにまちがいである。

病気の治療はとくに心理的な影響を受けやすいので、医薬品の効能については対照実験が重要になる。医者から投与された薬というだけで、飲むと病気が治ってしまう現象があり、偽薬効果と呼ばれる。こうした本当は薬効がないのに病気が治るような薬が偽薬（placebo）であるが、これはプラシーボ（英語読み）ないしプラセボ（ラテン語読み）とも呼ばれる。ラテン語のもとの意味は、「私は心地よくなる」である。

反対に薬害があると信じ込むことによって無害なのに病気を発症する場合もあり、これは反偽薬（nocebo）、ノシーボ、ノセボと呼ばれる。原義は「私は害される」である。ブードゥー教の呪いもノシーボ効果の一種とみなすことができる。

新薬の臨床試験では、実験群に新薬を投与し、対照群に偽薬（ふつうはブドウ糖や乳糖の錠剤）を投与し、その効果のちがいを比較して、新薬の薬効を判定する。このやり方では被験者（患者）だけが自分に投与されたのが新薬であるか偽薬であるかを知らないが、医師は知っているので一重盲検法（single-blind trials）と呼ばれる。

医師が知っていることは、患者に影響を与えたり、また効果の判定に偏りを生じたりする可能性がある。その可能性を排除するための手段が二重盲検法（double-blind trials）である。こちらでは、医師も自分が投与しているのがどちらかを知らないので、偏りのない評価ができる。ただし現在では、偽薬を与えられる対照群の患者が不利益を被る可能性があるため、薬効テストでは原則として対照群には旧薬を与えることになっている。

両面価値　ambivalence

これは非常に複雑な概念で、心のなかで相反する感情（ふつうは愛と憎しみ）が共存することをいう。心理学では、そのままカタカナにした「アンビバレンス」が使われることもあるが、「両面価値」ないし「両価性」という訳語が標準的である。これはまったくの直訳でしかない。

ambi はラテン語の amphi 由来で、「両方」を意味し、amphibia（両生類）といった使われ方がある。valence は、ラテン語の valentia（力）に由来するもので、主として化学で原子の結合力、結合価の意味で使われるもので、「原子価」という訳語がある。

monovalence, bivalence, trivalence はそれぞれ、「一価」「二価」「三価」と訳され、他の原子と結合する手が一本、二本、三本であることを表している。「両価性」はこれに倣った訳語で、語義的にはセーフだが、「両面価値」は明らかにまちがいだ。この valence には「価値」という意味はない。

上述したような本来の意味から考えると、「両面価値」も「両価性」も適切な訳語とは言えない。通常の文脈では、「愛憎半ばする」とか「相反する気持ち」、あるいは場合によっては「揺れ動く心」「ためらい」「優柔不断」と訳すことができる。ただ、学術用語としては使いにくいし、誤解を招くので、カタカナのまま「アンビバレンス」とするのが無難ではないかと思う。

これと非常によく似た単語に ambiguity がある。もとは、両方向に揺れ動くという意味で、ふつう「曖昧さ」「両義性」ないし「多義性」と訳される。こういう単語にぶつかると、翻訳者は、意味を重視すべきか、日本語としてのわかりやすさを重視すべきかという、アンビバレントな状況におかれることになるのだ。

刻印づけ　imprinting

これは動物行動学者コンラート・ローレンツによって、はじめて記述された現象で、生物学その他では「刷り込み」または「インプリンティング」という訳語が定着している。ところが、心理学者だけはなぜか「刻印づけ」という訳語を用いる（インターネットで検索するとこの語を使っているのは心理学関係のサイトだけであることがわかる）。

「刻印づけ」は翻訳としてまちがいだとは言えないが、この現象を記述する適切な訳語とも言えない。幸い、日本心理学会の『学術用語集 心理学編』の最新版では「刷り込み」が採用されているので（ただし「性的刻印づけ」は残っている）、そのうちに「刻印づけ」は使われなくなるかもしれない。

刷り込みは特殊な形の学習で、ガン・カモ類のヒナが孵化直後に目の前を動く物体を親と誤認して追随するようになるという現象として発見された。その後、他の鳥類や哺乳類でも、同じような現象が見つかっている。ヒナや幼獣が最初に出会うのはふつう自分の親だから、家族として統制の取れた行動を可能にするという点で、刷り込みには適応的な意義がある。

刷り込みが成立するのは生まれてからすぐのごく短い期間だけで、この期間を感受期（sensitive period）または臨界期（critical period）と呼ぶ。刷り込みの効果は一生つづき、性的に成熟したとき、刷り込まれた動物と同じ種の動物を性行動の対象とする。つまり、人間に刷り込まれたヒナは人間の女性に向かって性行動をとろうとする。これを性的刷り込み（心理学者は「性的刻印づけ」と呼ぶ）という。

なお、動物行動学ではじまったこの言葉が、近年、分子遺伝学にも転用されている。生物のゲノムには、父親由来の遺伝子と母親由来の遺伝子が混じっているが、遺伝子の発現がその由来によって影響を受ける現象をゲノムインプリンティングと呼ぶのである。

つまり、父親由来の染色体上でしか発現できない遺伝子（ＰＥＧ遺伝子）や母親由来の染色体上でしか発現できない遺伝子（ＭＥＧ遺伝子）が存在するのである。これは、精子および卵子形成の際に、それらの遺伝子の抑制（ＤＮＡがメチル化される）が刷り込まれるためである。

エソロジー（動物行動学 Ethology）は、ノーベル賞を受賞したローレンツとニコ・ティンバーゲン［一九〇七－一九八八］らによって確立されたもので、動物の行動を一つの形質とみなし、進化論的な観点から解析する生物学の一分科である。この言葉自体は、一八五九年にＩ・ジョフロア＝サン・チレール［一八〇五－一八六一］が「生物の本能・学習およびその他生物の行動と外部環境との関係を研究する科学」として定義したもので、二〇世紀ヨーロッパの動物行動研究者たちが、新しい学問分野の呼び名として掘り起こしたのである。

この言葉は現在では『オックスフォード英語大辞典』にも採用されているが、当初はなかなか市民権が得られず、原稿で ethology と書くたびに、タイピストや校正者に ecology と訂正されて困ったと、人類学者のマーガレット・ミード［一九〇一－一九七八］はどこかで述べていた。

エソロジーの成果の一つは、動物の行動のメカニズムとして、生得的解発機構を明らかにしたことである。この説を単純に要約すれば、特定の行動に対する欲求が高まったとき、適切な刺激（これをリリーサー releaser と呼ぶ）が与えられれば、抑制が解かれて行動が解発（release）されるというものである。

たとえば雛の大きく開いた嘴は母鳥の給餌行動を解発するリリーサーである。この「解発」というのはエソロジーの発展にともなって翻訳語として使われるようになった新しい言葉だ。そのため、一般になじみが薄く、ethology と同じように、「解発」が出てくるたびに、校正者から「触発」の誤植ではないかという指摘を受ける。もちろん、パソコンのワープロ変換でもこの字は出てこない。

エソロジーにはじまった動物行動研究は、その後、集団遺伝学的な観点を取り込んで、行動を進化的な適応の結果として理解しようとする行動生態学（behavioral ecology）あるいは社会生物学（sociobiology）、および分子遺伝学的な行動の解析を目指す神経行動学（neuroethology）へと発展をとげている。

汎化　generalization

心理学での特殊な訳語のもう一つの例がこれだ。ふつうこれは一般化と訳されるべきなのだが、心理学では汎化（または般化）と訳されることになっている。ただし、この分野で使われるときには、限定された意味をもっている。すなわち、古典的な条件付け実験において、特定の刺激に条件付けられた動物（または人間）が、より一般的な類似の刺激にも反応するようになることを指す。

たとえば、sit（座れ）という言葉を発すると座るように条件付けたイヌが、hit, bit, kick といった言葉にも同じ行動をとるようになるような状況である。確かに、日常の使われ方とは異なるが、これを一般化と訳してなぜいけないのか得心がいかない。

「汎化」などという日本語はほかの分野で使われることがなく、どの国語辞典を見ても、心理学における用例しかでてこない。汎化は、裏を返せば、条件付けの刺激が厳密に区別されていないことを意味する。

これに対して、類似の二つの刺激に異なった反応をする場合、動物（または人間）がその刺激を識別しているということになるが、実験心理学ではこれに弁別 discrimination あるいは分化 differentiation という訳語を当てている。discrimination という単語のもっとも一般的な訳語は「差別」で、racial discrimination は人種差別、sex discrimination は性差別である。

動物学などでは識別がふつうだが、心理学では「弁別」と訳す。弁別はふつうの日本語で別に問題はないのだが、用例はほとんど心理学分野に偏っていて、やはり、少なからずジャーゴンのにおいがする。

条件反射がらみでは、habituation に訓化《くんか》という訳語が当てられる。特定の刺激が与え続けられるときに、それによって引き起こされる反応がしだいに弱くなっていくことを意味し、動物行動学などでは「慣れ」と訳すことが多い。

植物培養でもこの単語に、「順化」または「訓化」という訳語を当てるが、こちらは、培養器で育てた苗が土壌中で生育できるように、時間をかけて慣らすことをいう。トキなどのような動物を飼育場で育てたのちに野生に戻す際の慣らしはふつう順化と呼ばれるが、こちらは acclimation の訳語である。これに対して、感覚が外的条件の変化にともなって感覚の反応がしだいに低下する減少は accommodation と呼ばれ、こちらには「順応」の訳語が当てられる。

心理学が生物学と異なった訳語を当てているもう一つの例は epigenesis である。生物学では、後成説と訳されるのに対して、心理学では漸成説と訳される。後成説というのは個体発生の遺伝と環境の関係を表す用語で、最終的な大人の体は卵（あるいは精子）の段階ですでに決定されているとする前成説に対して、個体発生は環境の影響を受けて、単純なものからしだいに複雑な形ができあがっていくという立場を指す。

単独の意味としては、漸成説はけっしてまちがいとは言えないが、進化論の漸進説とまぎらわしいうえ、前成説との対語という観点からは適切とも言えないだろう。

性同一性障害　gender identity disorder

私は、この訳語を目にするたびに強い違和感をもつ。こんな日本語はありえないと。メディアでさんざんに報道されているので、多くの人はこの言葉が意味する内容をおぼろげに理解している。簡単に言えば、身体的な性別と自分が意識している性別が一致しない状態。つまり男（あるいは女）の身体をもちながら、女性的な（あるいは男性的な）遊びや服装を好むなどの性癖をもち、自分が女だと意識している状態のことである。

最近の研究では脳における性別が身体の性別と異なるためとされているようだが、その原因についてはまだ正確なところはわかっていないらしい。しかし、そういう知識をもたない人に、この言葉が何かを伝えることができるとは、とても思えない。にもかかわらず、「性同一性障害」という言葉はすっかり市民権を得て、とうとう二〇〇三年に「性同一性障害者の性別の取扱いの特例に関する法律」というものまでできてしまったので、いまさら取り返しがつかない。しかし、概念の翻訳という点で、この訳語は非常に疑問があるということは言っておかなければならない。

問題は gender と identity の両方にある。gender を英語の辞書で引けば真っ先に出ているのは、文法上の、男性、女性、中性という性別で、つぎに生物学的な性別というのがでてくる。英語でも sex と gender が明確に区別されているわけではないから、これを「性」と訳すことはまちがいとは言えない。

しかし、日本語の「性」からは sex のニュアンスが強く感じられてしまう。この疾患では、身体的な性別と自分が意識する性別の不一致こそが問題なのだ（よく誤解されるが、男なのに男性が好きなホモセクシャルや、女なのに女性が好きなレズビアンは性同一性障害ではないし、女装趣味の成人男性もそうではない）。

gender をどう訳するかはむずかしいところだが、日本語なら「性別」とするか、そのままカタカナで「ジェンダー」とするのが妥当ではないかと思う。日本語としての「ジェンダー」はフェミニズムの用語として、一九八〇年代から、通常の意味での性（sex）ではなく、社会的・文化的な性役割を意味するものとして流通している。

多少意味のズレはあるが、社会のなかで自分または他人が認める男か女かという性別のことであると考えれば、本来の語義にまだ近いのではないか。

より深刻なのは、identity の方だ。これは心理学では伝統的に「同一性」あるいは「自己（ないし自我）同一性」と訳される。最初にこの言葉を使ったのは小此木啓吾氏で、E・H・エリクソンの Identity and the life cycle という本の翻訳（『自我同一性 ―― アイデンティティとライフ・サイクル』）においてであった。以来、心理学では、同一性が定訳になってしまっているのだが、あまりいい訳語だとは思えない。

identity は、動詞の identify およびその名詞形 identification とともに、ラテン語の idem（同じ）に起源をもつ。同じというからには、何と何が同じであるかが問われる。identification card（ＩＤカード）は身分証明書のことであるが、そこに貼りつけられた写真と本人を見比べて、同じであることを確かめるためのカードである。

生物学では種名を確定することを「同定」（identification）というが、これは自分のもっている標本を模式標本と比べて同じかどうかを調べる作業である。会社や国家への identity は、それと自分が一心同体であるとみなす気持ちで、「一体感」などと訳される。

エリクソンの identity は自分がかくあるべきだという観念、つまり理念としての自己（自我）と現実の自分との一体感のことで、identity の危機とは、自己に一体化することができない、自分が何であるのかわからない、どういう生き方をすればいいのかわからない状態をいう。

この意味での identity を日本語に移し替えるのはきわめてむずかしいが、「同一性」ないし「自己同一性」よりも、「自分らしさ」「主体性」「自己認識」といった訳語の方が伝わりやすいだろう。ただし多少の意味のズレがあるので、それを避けたいならば、そのまま「アイデンティティ」とするほうが、誤解は少ないのではないかと思う。

かつて多重人格障害と呼ばれていた症状は、現在では解離性同一性障害（dissociative identity disorder）と改称されたが、これは幼児期の心的外傷（トラウマ）によって、複数の自己をつくりあげてしまうために、単一の自己に一体化することがないという疾患である。この場合には「同一性」という訳語はそれほど違和感がない。

gender identity disorder の場合には、脳の性別と、身体の性別が同じでないために、一つの人格として統一できないという状況を指していると考えられる。

冒頭に述べたように、「性同一性障害」という訳語は定着しているので、いまさら変えようがないのは承知の上だが、私が推奨したいのは、内容に即した「性（別）認識障害」または「性意識障害」である。

認知症　dementia

病気の話がでたついでに、精神にかかわる病名について触れておこう。この病気はかつて「痴呆」と呼ばれていた。英語の dementia は、ラテン語の de（離れた）と mentia（心を意味する mens の属格 mentis）が語源で、心がここにない正気を失った状態をいうので、痴呆は適切な訳語である。ただ、日本語の語感として、差別的なニュアンスをもつことは否定できず、それが早期発見や早期診断の妨げになっているという声が老年医療従事者からではじめた。

厚生労働省は二〇〇四年に、この病気の表現を検討する委員会を組織して検討に入り、一二月二四日に報告書を出した。ここには、名前に関する歴史的な経緯がかなり詳細に述べられている。明治五年の『医学類聚《るいじゅ》』では「狂の一種」と訳されていたが、明治末年に呉秀三が医学用語として「痴呆」を提唱し、それ以来、医学界で定着するのにともなって一般用語としても受け入れられ、国語辞典などにも採用されるようになったという。

委員会は「痴呆」に代わる用語として、(1)「認知症」、(2)「認知障害」、(3)「もの忘れ症」、(4)「記憶症」、(5)「記憶障害」、(6)「アルツハイマー(症)」の六つをあげ、国民からの意見募集をおこなうなどの検討作業をおこない、最終的に「認知症」を提案した。その理由は、この病気の主たる症状が認知機能の低下であり、それを病名に入れるべきだというものであった。

日本語としては、「認知障害」の方がふさわしく、国民の意見投票でもこれが一位であった。しかし、この言葉は精神医学の分野で別の概念を表すために使われており、それとの混同を避けるというのが「認知症」がとられた理由であった。

これに対して、心理学関係者から強い反対意見が出された。「認知」は人間の知的機能を表す概念であり、それをそのまま病名とするのは、意味が不明確で誤解を招くというもので、代案として、「認知失調症」を提案した。心理学用語にさんざん文句を言ってきたが、この件については心理学者の側に見方したい。

しかし、二〇〇五年に改正された介護保険法で「認知症」が法的なお墨付きをえてしまい、現在では、医学用語として痴呆はほぼすべてこれに切り替えられてしまっている。したがって、これまたどうしようもないのだが、個人的な趣味を言えば、基本的には老化にともなう認知能力の低下を指すのだから、「耄碌《もうろく》症」などもありではないかと思う。ちなみに中国では、「失智症」と訳されているが、これもわかりやすい。

似た話として、精神分裂病から統合失調症への言い換えがある。統合失調症は多岐にわたる病態を示し、神経伝達物質ドーパミンがかかわっているのは確からしいが、詳細な原因のわかっていない難病である。

明治時代以来、ドイツ語 Schizophrenie の訳語として精神分裂病が使われてきた。Schizo を分裂、phrenie を精神に当てた、ほとんど直訳である。いずれもギリシア語の語源に沿った適切な翻訳であるが、やはり差別的だという理由で改訂されることになった。

この病気には、「妄想型」「破瓜《はか》型」「緊張型」などさまざまな類型症状があるが、歴史的には「痴呆」の一種とみなされてきた。

一八五二年にこの病気をはじめて記載したフランスの精神科医ベネディクト・モレルは、これを「早発性痴呆」(démence précoce) と呼び、その後、破瓜病、緊張病が報告されたのを受けて、一八九九年には、ドイツの精神科医エミール・クレペリンが、それらを総合して、やはり「早発性痴呆」(dementia praecox) と呼んだ。一九一一年にはスイスの精神科医オイゲン・ブロイラーが、この病気の本体は若年性の痴呆ではなく、観念連合の崩壊であるとし、病名を Schizophrenie と改名した。

日本では、一九三七年に、日本精神神経学会が「精神分裂病」を正式名称と決めた。しかし、二〇〇二年に「精神分裂」が人格の否定、患者の差別につながる場合があるという指摘を受けて、同学会が「統合失調症」に改称を決め、厚生労働省が新名称の使用を全国に通知した。

一般論として差別を解消するという主旨に反対するわけではないが、こうした言い換えにはあまり賛成しがたい。ヌタウナギの項でも述べたが、名称そのものが露骨な差別を含んでいるならばともかく、原語の忠実な翻訳にすぎないのだから、そこに差別の原因を求めるのは、問題のすり替えだろうと思う。

差別は病名よりはむしろ病態によっているのであり、病者・弱者に対する社会の受け入れ方に本質的な問題がある。名前を変えればすむ話ではない。まして、精神分裂病のような長い歴史をもつ翻訳語は、ちょっと古い翻訳書（ちょっと古い辞書も）には頻繁に出てくるものであり、混乱のもとになるだけである。

7章　生物学用語の正しい使い方

医学や心理学だけでなく、専門用語の翻訳には、ときにおかしなものがある。その概念ないし事物を最初に日本語に移し替えた人間が、その分野での特殊な使われ方にとらわれて、語の本来の意味を見失った訳語を採用してしまったためである。本章では、生物学やその周辺分野での不適切な訳語の例を取りあげてみる。

警戒色　warning color

この訳語は、いまでも多くの人が使っているが、正しくは警告色でなければならない。これは擬態《ぎたい》の一種で、わざと捕食者に目立つような派手な色彩をいう。イモリの赤い腹、ハチの黒と黄色の縞模様、サンゴヘビなどの赤と黒の縞模様、チャドクガエル類の毒々しい色彩などがそうである。こうした派手な色彩の持ち主はふつう体に毒をもっていて、擬人的に言えば、捕食者に対して、「食べても不味いですよ、毒があるから死ぬかもしれませんよ」と警告しているのである。

実際に毒チョウを食べて苦い目にあった鳥は、二度とそのチョウを食べようとしないことが実験的に確かめられている。そうなると、本当は毒がないのに、毒チョウそっくりの派手な色彩になって、敵を欺くチョウが進化してくる。これがベーツ型擬態と呼ばれるものだ。

ちなみにベーツ型というのは、この擬態を発見した一九世紀の博物学者H・W・ベーツ［一八二五－一八九二］からきている。ハチそっくりの縞模様をもつアブやガはその例である。というわけで、あくまで捕食者に警告しているのであって、警戒しているわけではないから、警告色でなければいけないのだ。

日本語の擬態は、英語の mimicry（ミミクリー）と mimesis（ミメーシス）を区別していない。英語もかならずしも厳密に区別して使われるわけではないが、生物学的には大きなちがいがある。mimicry はベーツ擬態のように、目につきやすい（しかも毒をもつ）他の動物に似せて身を守ることをいい、学術的には標識的擬態と呼ぶ。これに対して mimesis は、捕食者の関心を引かない他の生物や無生物に似せて、身を守ることをいい、隠蔽《いんぺい》的擬態と呼ぶ。葉っぱや木の枝に似せたり、背景の色とまぎらわしい体色（保護色）をもったりするのがこれに当たる。

フランスの思想家ロジェ・カイヨワは『遊びと人間』において、この二つの擬態を人間の遊びの四分類のうちにあげ、ミミクリ（日本語訳は模擬《もぎ》）とイリンクス（目眩《めまい》）と呼んでいる（残りは、「競争（アゴン）」と「偶然（アレア）」である）。しかし、生物にとっては遊びどころではなく、命がかかっているのだ。

warning color を警告色と訳さなければならない理由はおわかりいただけたと思うが、多くのサル類や鳥類が、敵が近づいたときに大声で鳴いてさわぎたてる warning call ないし alarm（ing）call は、警戒声で正しい。こちらは、危険を察知した動物が自ら警戒の鳴き声をあげ、仲間に警報を発するのだから、警戒声なのだ。

alarm ないし warn の目的語が、警告色の場合は捕食者であり、警戒声の場合は仲間であるというちがいが重要なのだ。alarm や warn は誰に警告しているかで、訳語にちがいがでる例だが、curious や suspicious といった形容詞は、誰にとってなのかという点で訳し分けなければならない。

ニコ・ティンバーゲンの名著 Curious naturalist は『好奇心の旺盛なナチュラリスト』という邦題で出版されているが、これはティンバーゲン自身が好奇心の強い知りたがり屋であることを示している。ところが curious fellow となると、他人の好奇心をくすぐる奴、つまり奇人や変人のことになる。suspicious も同じことで、他人から見れば怪しいという意味だが、本人の場合には疑い深いという意味になる。suspicious man は怪しい人物だが、suspicious look は疑いの眼差しである。

神人同形同性説　anthropomorphism

多くの英和辞書にはこの訳語がまずでてくるが、神話学や宗教学に関する本でないかぎり、この訳語はまちがいである。これは「擬人主義」ないしは「擬人観」と訳すべきものなのである。ところが人文系の学者には先の訳語がきわめて強く刷り込まれていて、私が編集者だったころ、翻訳者に擬人主義にすべきことを指摘すると激しい抵抗にあうのがつねだった。

その昔、読書専門新聞の書評で、ある仏文学者が翻訳した人間生物学に関する本について、日高敏隆氏が「神人同形同性説」という訳語が不適切なことを指摘したところ、その翻訳者から烈火のごとき反論の投稿が寄せられたという事件があった。そこには、生物学者ごときが人文学の訳語に口を出すのは身の程知らずだというようなことが書かれていた。まったく恥の上塗りというものだ。

古代的世界において、神がどういう姿をし、どういう性質をもっているのかという議論のなかで、この言葉が使われるときには、この訳語はそれなりの妥当性をもっていた。ギリシア・ローマの神々は人間と同じような姿をし、人間と同じように愛し、憎しみ、嫉妬する存在とみなされていたのであり、ここから、神と人が同じ形と同じ性質をもつという意味の神人同形同性説という訳語が生まれたのである。

ギリシア・ローマだけでなく、人間に似せた神をつくり偶像として祀る宗教は世界の各地に存在する。もっともキリスト教では、逆に神が自らに似せて人間をつくったということになっているので、話はあべこべになる。

しかし、この anthropomorphism という単語のどこにも神は含まれていない。人間（ギリシア語の anthropos）に似た形（ギリシア語の morphe）をしたものということしか言っていないのだ。この概念は、それ以前のエジプト神話において、神々がハヤブサ（ホルス神）、ジャッカル（アヌビス神）、雄ヒツジ（クヌム神）など、動物の姿で表現されていたことに対比されるものである。神を動物になぞらえることを英語で zoomorphism という（人文学では「動物形態観」と訳されているが、神人同形同性説にならえば、神動物同形同性説とすべきだろう。私は擬人観または擬人主義にならって、擬動物観または擬動物主義のほうが適切だと思う）。

実際のところ、擬人主義は、その言葉の示す通り、もっとひろい概念であり、神であれ、自然の力であれ、事物であれ、動植物であれ、人間以外の対象が人間と同じような性質をもつとみなす考え方の一切が含まれる。その意味では、動物に人間の教訓を語らせる『イソップ物語』のような寓話や童話、あらゆる事物に霊魂が宿るとみなすアニミズムも擬人主義の一種と考えられる。

また、『スター・ウォーズ』や『スター・トレック』などの SF 映画に登場する宇宙人が、顔にこそ異様なメーキャップがほどこされて宇宙人種のちがいが表現されてはいても、すべて基本的に人間の骨格をしているという奇妙な共通性をもつのも、擬人主義の現れと言えるだろう。

生物学分野で使われる擬人主義は、不確かな目撃談や主観的な観察などをもとに、動物の行動を人間の心理から類推して理解・説明しようとする態度に対する批判的な表現である。行動研究における擬人主義批判は、主としてジョン・ワトソン［一八七八－一九五八］らの行動主義心理学派からなされた。彼らは、測定できない動物の心理を仮定するのは非科学的であり、刺激に対する反応を観察することによってのみ、動物の心理を解明することができると主張した。

ところが、彼らが実際におこなったのはネズミやハトを用いた条件づけ実験であり、そこから得られた結果を人間の心理一般に拡張するものであった。科学思想家のアーサー・ケストラー［一九〇五－一九八三］は、そちらのほうこそ擬《ぎ》鼠《そ》主義（ratomorphism）ではないかと批判した。

動物の行動に「浮気」などの人間的な言葉をいいかげんに使うのは擬人主義と批判されてもしかたがないし、動物行動学的な研究によって、きわめて人間くさい行動が実際には単なる刺激に対する反応にすぎないことが明らかになった事例も多い。したがって、動物の行動研究における擬人主義批判にはそれなりの意味がある。

しかし、対象物に人間的な感情を投影するというのは、人間にそなわった生得的な認識方法の一つである。枯れ尾花だって幽霊に見えてしまうのだ。厳格に擬人主義を排することは、動物の行動研究において本当に重要な要素を見落とす危険性がある。まして、進化論の確立によって、動物と人間の生物学的な連続性が明らかになった今日において、動物に人間の心とのなんらかの類似性をもつ萌芽的な「心」がないと考えるほうが、むしろ非科学的である。

とくにチンパンジーやゴリラなどの類人猿には、きわめて人間によく似た心性があることが実証されている。彼らの行動を考察するのに擬人主義を排するのは、古い人間中心主義（anthropocentrism）の残映と言える。霊長類学者フランシス・ドゥ・ヴァールは、そういう態度をanthropomorphismphobia（擬人主義嫌い）と呼んで批判している。

草食動物　herbivore

この言葉は、あとで説明する肉食動物との対で使われるものだが、かならずしも草を食べる動物だけを指しているわけではない。枯れた植物体や、藻類、あるいは植物プランクトンを食べる動物も含まれているので、厳密には植物食者（phytophage）と呼ぶべきであるが、こちらの方が耳に従いやすいので、便宜的に用いられている。哺乳類の場合には草食獣と訳すこともできる。植物のどこをどう食べるかによって、呼び名が変わる。

ウマやウシのように典型的な草原の草食動物で、地面に生えた葉をむしり食いするものはgrazer で、「グレイザー」または「草の葉食い」などと訳される。ヤギ類やキリンのように、木の葉の茎、茎、新芽をかじりとるものは browser で、「ブラウザー」または「木の葉食い」などと訳される。

こうした食物はタンパク質が乏しいために大量に摂取する必要があり、大きくて長い消化器官が必要である。またセルロースやリグニンなどの消化困難な物質を多量に含むために、それを分解してくれる微生物（共生細菌）を消化管内にもっている。微生物が部分的に消化したものを胃からもう一度口に戻して咀嚼するのが反芻動物（ruminant）である。

反芻動物には分類学で反芻亜目（Ruminantia）と総称されるウシ、ヤギ、ヒツジ、キリン、シカ、アンテロープ類のほかに、別グループのラクダ、ラマ類も含まれる。胃から口に戻す代わりに、半分消化されて排出された軟便を食べて再消化するものもいる。これは食糞（coprophagy）と呼ばれ、ウサギ類のほか、モルモットやハムスターなどの一部の齧歯類、およびイタチキツネザル類で知られている。

植物体でも、果実、種子、花蜜、花粉などは栄養価が高く、容易に消化もできるので、これらを食べる動物は大量に食べる必要がなく、したがって大きな消化器官はいらない。その代わりに、そうした部分を効率よく摂取するための、特別な器官（特殊化した嘴《くちばし》など）が必要である。

どこを食べるかによって、果実食者（fruit-eater）、種子食者（seed-eater）、花蜜食者（nectareater）、花粉食者（pollen-eater）などが区別される。

草食動物を食べるのが肉食動物（carnivore）だが、こちらもふつう動物性の餌を食べる動物という意味で使われる。したがって、動物の死骸や、昆虫、あるいは動物プランクトンを食べるものも含まれているので、厳密には動物食者（zoophage）と呼ぶべきものである。

食物としての動物は植物よりもタンパク質その他の栄養分を豊富に含み、効率よく消化できるので、草食動物よりもずっと短い消化器官でことたりる。その代わり、獲物を捕らえて殺すための特別な器官（牙や爪、強靭な筋力など）や俊敏な動きを必要とする。

哺乳類の場合には肉食獣と呼ぶこともできるが、しばしば食肉類（Carnivora）と混同が起きる。食肉類というのは哺乳類のうちで、肉を引き裂くための裂肉歯《れつにくし》をもつことを特徴とする食肉目（これをネコ目とする説はとらない。その理由は「ネコ目」の項で述べた）という分類群のことであり、かならずしも肉食ではない。

パンダやレッサーパンダは食肉類であるが、おもにタケを食べる植物食者だし、クマは肉食もするが主食を木の実類とする雑食性である。ついでながら、最近の研究ではかつて別の目とされていたアザラシ・アシカ類も食肉目に含められることになっている。

動物食にもさまざまあり、ライオンやオオカミのように生きている獲物を捉えて殺す捕食者（predator）、死体を食べる腐肉漁り（scavenger）、腐った死骸や排出物を食べる腐食食者（saprophage）、昆虫食者（insectivore）といった区別があり、さらには各種の寄生動物も含めることができる。

　ライオンが獲物を倒し、ハイエナやジャッカルのような腐肉漁りが、横取りしたり、残り物を食べたりするという通俗的な見方に反して、実際には、ハイエナやジャッカルが倒した獲物をライオンが横取りする場合が少なくない。

　最後に動物も植物も食べる雑食動物（omnivore）がいる。実際にはまったく動物質を食べない草食動物、まったく植物質を食べない肉食動物というのはごくまれで、たいていの動物は多少の雑食性がある。そこで、ふつう雑食動物というのは、動物質と植物質をかなり均等に食べているものを指し、ヒヨドリやカラスに代表される多くの鳥類、キツネ、クマ、霊長類に代表される多くの哺乳類が、これに当たる。

　「蓼《たで》食う虫も好き好き」という諺があるように、動物の食べ物というのは、それぞれの種のおかれた状況によって異なるが、なんにせよ、他の生物を食べなければ生きていけないというのが、自力で栄養をつくりだせない動物の宿命なのである。

内婚　interbreeding

ずっと昔、ある人類学の翻訳書の編集をしていたとき、原稿に「内婚の犬」というのが出てきてびっくりしたことがある。原語は interbreed dog で、翻訳者は二重の勘違いをしていたのだ。まず interbreed を inbreed と誤読してしまい（こういう勘違いは私もときどきやらかしてしまう）、そのうえ、人類学者であるためにそれを内婚と訳してしまったのである。interbreed dog であれば、なんのことはない雑種犬である。かりに正しくは inbreed であったとしても、これを内婚と訳すのは正しくない。

内婚というのは人類学における重要な概念で、結婚の相手が同一社会集団（村落や氏族）の内部の人間である場合を指し、それに対して同一社会集団の外部の人間である場合を外婚と呼ぶ。頭に族の字を加えて、族内婚、族外婚という言い方もされる。

専門用語としては、ふつう内婚には endogamy、外婚には exogamy という英語があるのだが、日常英語では、inbreeding, outbreeding という単語も同じ意味で使われる。したがって人類学者が inbreeding という単語を見て内婚という訳語を思い浮かべるのは無理からぬことである。しかし内婚の犬ではなんのことかわからない。inbreeding のもっとも一般的な訳語は近親交配で、人間では血族結婚や近親婚と訳されることも多い。遺伝学では「近交」という短縮形が一般に用いられ、近交を繰り返すことによってできた系統を近交系（inbred line）と呼ぶ。究極の近交系は純系（pure line）で、すべての遺伝的形質が同じになり、掛け合わせによって分離しないので、厳密な生物学的実験の素材として重要になる。現代生物学では、純系のショウジョウバエはもとより、純系のマウスやラットがなければ仕事が進まない。

近親婚が多くの社会で忌避される理由の一つは、（ヘテロ、つまり劣性遺伝子が一つだけある状態で）潜在していた劣性形質が近親婚によって（ホモ、つまり劣性遺伝子が二つになることによって）顕在化して、障害を生じる危険性をはらんでいることだと考えられている。

家畜や栽培植物においても、近交の繰り返しによって耐性や多産性などの低下が見られることがあり、「雑種強勢」の反語として「近交弱勢（inbreeding depression）」と呼ばれる。驚いたことに、一部の園芸家がこれに内婚劣勢という訳語を当てているので、内婚の犬という表現もそれほどトンデモ訳とは言えないのかもしれない。

学界はせまい世界なので、自分たちの内輪で通用している言葉を普遍的なものと錯覚してしまう傾向があり、人類学者が inbreeding を内婚と思いこんでしまうというような事態が生じる。

動物群　fauna

生物学と古生物学は世間の目からすれば、ほとんど同じような世界と思われているかもしれないが、同じ言葉にちがう訳語が定着していて、翻訳の際に困ることがある。代表的なのがこの例で、なぜか古生物学では動物群と訳されるが、生物学では動物相と訳される。これは、fauna（ファウナ）の訳語で、特定の時代の特定の地域に生息するすべての動物の種類を指す。同じ条件で植物の全種類を表すときには、flora（フローラ）すなわち植物相といい、両者をあわせて、特定の時代の特定の地域に生息するすべての生物の種類を表すときには biota（ビオタまたはバイオータ。語源はギリシア語の bios で、生命・生物の意）、すなわち生物相となる。fauna と flora はいずれも分類学の祖リンネ（リンネウス）がつくった由緒ある言葉で、それぞれローマ神話の家畜の女神ファウヌス、および花の女神フローラにちなんでいる。図鑑の表題として用いられるときには、ふつう動物誌、植物誌と訳される。シーボルトの『日本動物誌』および『日本植物誌』はその代表的な例である。

日本語としての動物相、植物相が誰によって、考案され、いつごろ定着したかについてはまだ調べがついていないが、私が知りえたかぎりでは、植物相という表題をもつ論文・書籍は、一九四二年（日比野信一・吉川涼著『海南島の植物相』）、動物相は一九三四年（岩田正俊著『大根島溶岩隧道内の動物相』）である。

生物相は一九三二～三四年に日本生物地理学会が刊行した数冊の本で使われている。したがって大槻文彦（一九二八年没）の『大言海』にも動物相、植物相、生物相は項目にない。

一九六〇年に発行された『岩波生物学辞典』の第一版では、見出しは、「ファウナ」「フローラ」「生物相」という項目でたっており、まだ動物相、植物相という表現が学者のあいだで市民権を得ていなかったことをうかがわせる。ところが、古生物学だけは fauna, flora, biota をそれぞれ動物群、植物群、生物群と呼ぶ慣行がある。意味の上では、こう訳してもまちがいとは言えないが、生物学の用法と一致しない。

最近では古生物学の文献でも「相」を使う例が増えてはいるが、まだ「群」が多数派である。とりわけ、バージェス動物群やエディアカラ動物群などは、あまりにも有名になりすぎたために、動物相とはなかなか訳しづらい。

最近の古生物学の啓蒙書では、現在の生物相との比較がなされることが多く、その場合には、生物相と訳さないわけにはいかない。やむをえず私は、バージェスやエディアカラのような場合にのみ「群」を用いるという折衷策をとっている。

二倍体　diploid

これは二組の遺伝子セットをもつ生物および細胞のことを指す。この遺伝子セットというのは現代的に言えば、ゲノムにほかならない。英語のディプロイド（diploid）はギリシア語由来で、二重になったものという意味である。

これに対して、一組の遺伝子セットしかもたない生物および細胞はハプロイド（haploid）と呼ばれ、日本語では伝統的に「半数体」と訳されてきたが、ギリシア語の原義通りに訳せば、ha（一または単）＋ploid（重）であるから、単数体ないし一倍体と訳すべきである。

なぜ半数体などという訳語になったかと言えば、高等生物のすべての体細胞は二倍体であり、一倍体は生殖細胞にしか見られない。そのため、二倍体が正常だという先入観があり、一倍体は正常の半分しかないという意味で半数体と呼ばれることになったのだ。

しかし二倍の半分は一倍でなければならないから、半数体という言い方は、理屈に合わない。そのため近頃では、一倍体ないし単数体という表現がしだいに勢いを増しつつある。

この表記が問題になるのはハミルトンの血縁淘汰説においてである。ハミルトンはハチやアリの仲間（社会性昆虫）で、ワーカー（働きバチや働きアリ）がなぜ自分の子供を産まずに女王の産んだ卵を育てるのかを説明するために、包括適応度という概念をもちだした。

詳細をここで述べるのは不可能だが、簡単に言えば、ワーカーと女王の産んだ子供は平均すると遺伝子の四分の三が共通で、ワーカーが自分の子供（自分の遺伝子の二分の一しか共有していない）を育てるよりも、遺伝子の存続（これがつまり包括適応度）という点では有利になるからだというものである。こんなことになるのは、社会性ハチ類が、受精卵は雌、未受精卵は雄になるという特殊な性決定方式をもつからである。

女王とワーカーはすべて雌で、二倍体であるが、雄は遺伝子を一セットしかもたない一倍体である。したがって、女王と交尾する雄の精子の遺伝情報は均一で、女王が産むすべての子供が共有することになるのである。

この性決定方式は、haplo-diploid sex determination と呼ばれるが、通常「半（数）倍数性決定」と訳される。つまり haploid が「半数体」と訳されているのである。しかし、上述のように誤解を招きやすい表現なので、近頃では、単倍数性決定という表記を用いる研究者がぼちぼち現れている。

遺伝子の本体はＤＮＡであるが、ＤＮＡの二重らせんの紐は何段階もの複雑なループを形成して最終的に染色体という構造をとっている。染色体の数は生物の種によって決まっているが、二倍体であるヒトの体細胞は、二二本の常染色体が二セット四四本と性染色体二本の計四六本をもつのが正常な形である。

性染色体はXとYで表され、男はXY、女はXXをもつ。一倍体であるヒトの生殖細胞は、この二二本＋性染色体一本（XまたはY）というセットをもっている。

遺伝子の突然変異はさまざまなレベルで起こり、DNAレベルでは、塩基配列での置換、欠失、重複、フレームシフトなどがある。進化論的な観点からとくに重要なのは遺伝子の重複で、重複によってできた新しい遺伝子に変異が生じて新しい機能をもつようになることが進化の大きな要因であると考えられている（一九七〇年に米国国籍の日本人研究者、大野乾《すすむ》が提唱した）。この重複は英語では duplication であるが、これには複製という意味もあるので、「遺伝子重複」を「遺伝子複製」と誤訳しないよう、注意が必要である。

もっとも大がかりな突然変異は染色体レベルで起きる。生殖細胞である卵子と精子は減数分裂によって染色体数を半減させて一倍体になるが、その際の染色体の挙動の異常が逆位、転座、欠失、挿入など染色体の部分的な変異を生じる。

さらには細胞分裂で染色体が均等に配分されない結果、特定の染色体を失うことや（ヒト女性でX染色体を一本しかもたない変異体があり、ターナー症候群を引き起こす）、同じ染色体を余分にもつといった変異も生じる。

同じ染色体が二本ではなく三本ある変異体はトリソミー（trisomy）と呼ばれるが、人間ではトリソミーは重大な障害を引き起こす。二一番染色体のトリソミーはダウン症候群、一八番染色体のトリソミーはエドワーズ症候群、一三番染色体のトリソミーはパトー症候群を引き起こし、性染色体のトリソミー（XXXやXYY）もさまざまな先天異常をともなうことはよく知られている。

もっとも劇的な染色体数の変化は、本来は二セットのものが、三セット、四セット、あるいはn倍にもなることで、それぞれ三倍体、四倍体、n倍体と呼ばれ、全体は倍数体（polyploid）と総称される。

染色体数の倍化は原理的には、核分裂で染色体数が倍加したあと、細胞質分裂が起きないと起こる。一時期コルヒチンを用いた倍数体育種というのが流行り、この方法で種なしスイカなどの品種がつくられた（人工的につくった四倍体と二倍体の掛け合わせ）。コルヒチンは細胞質分裂に必要な紡錘体の形成を阻害することによって、二倍体を誘発するのである。

自然界でも倍数体は存在し、動物ではシャクトリガやキリギリスのなかに四倍体の系統が知られている。植物ではごくふつうに見られ、被子植物の四〇パーセントに倍数種があるとされる。キク属では一〇倍体、スイレン属では三二倍体、コムギ属では六倍体までの倍数体が存在する。倍数体は倍数セットの遺伝子をもつために、一般に大型化し、変異にも富むため、進化において新種形成をもたらす重要な要因になっている。

変身　metamorphosis

この言葉は、形（morphe）を変える（meta）を意味するギリシア語に由来するもので、文化系の人には、「変身」または「転身」という訳語がなじみ深いだろう。古代ローマの詩人オウィディウスの『変身物語』（『転身物語』『転身譜』という邦訳題もある）やアントーニーヌス・リーベラーリスの『変身物語集』の原題がこれなのである。

『変身物語』は、さまざまな人物が動物や植物に変身するという神話の集成で、顔を見た人間を石に変えるメドゥーサや、水に映った自分の姿のとりことなったナルキッソス（ナルシス）がスイセンになった話など、数多くの奇譚が集められ、中世の冒険物語の種本となっていた。こうした変身譚の系譜はカフカの『変身』などに受け継がれている。

生物学ではこれを、生物が卵から成体になるまでの個体発生の過程で体のつくりを大きく変える現象を指すのに用い、変態と訳す。オタマジャクシがカエルに、チョウなどの昆虫の幼虫が蛹に、最後には成虫になるという変態は、誰もが一度や二度は目にしたことがあるはずだ。すでにアリストテレスの『動物発生論』第九章に昆虫の幼虫から蛹、蛹から成虫への三段階の変態が記述されているし、日本でも、平安時代の古典、『堤中納言物語』の「虫めずる姫君」に、毛虫からチョウへの変態が扱われている。文学における変身という概念そのものが、昆虫の変態からインスピレーションを受けたものである可能性は高い。

水中の無脊椎動物でも、カニやエビをはじめとして、ほとんどの多細胞動物で変態が見られるが、水生動物の変態が知られるようになるのは、ずっと後世のことである。

同じように、形が変わることを意味する言葉に transformation というのがある。この言葉は metamorphosis と同じ意味で使われ、変態と訳されることもあるが、もっとも一般的な訳語は「変換」で、物理・化学分野ではこう訳されることが多い。同様の意味で、変化、変形、変容、変質、転換などとも訳される。

しかし、この単語は、きわめて多様な使い方をされるので、場面によって訳し分ける必要がある。まず言語学では「変形規則」、経済学では「転化」、電気分野では「変圧」、鉱物学では「(相)転移」といった具合である。

生物学関係では二つの重要な意味がある。一つは「形質転換」で、もともとは微生物に他の生物の遺伝形質(DNA)を取り込ませることによって、その形質(性質)を変えることを指したが、現在では、高等生物の細胞についても使われる。実質的な意味合いは遺伝子組み換えに近い。

もう一つは、定訳ではないが進化を意味する場合があることである。言うまでもなく、transformation は動詞 transform の名詞形で、これはラテン語の trans(通り越す、完全に変わる)と

form から合成された言葉なので、変態、変形と訳すべきときもある。しかし、この form は単純に形だとは言い切れない難しさがあり、翻訳のときにいつも悩まされる。

生物学の文脈では単に形という意味ではなく、ある形をもつものの総称、つまり類型、具体的には種や科を指すことがある。したがって場合によっては、form は種と訳した方がいいこともある。そこから、transform には生物種の変遷すなわち、進化という意味合いがでてくる。実際に、transform から派生した transformism には、「生物変移説」または「生物進化説」という訳語が当てられる。

しかし、transformism はダーウィンの進化とちがって、環境に対する反応としてではなく、生物の内在的な力によって起こるものとする見方が根底にある。その理由の一つは、form にはアリストテレスの「形相《けいそう》」という意味もあることだ（プラトンのイデアも英語では form）。「形相」は私も十分に理解しているとは言いがたい哲学的概念であるが、ものの形は「質料」に「形相」が働きかけることによって実現するという関係がある。transform という言葉の背景に「形相」的な考え方が潜む余地があるのである。

現代進化論の祖であるダーウィンは実のところ進化（evolution）という言葉をほとんど使っておらず、transmutation か descent with modification（変化を伴う由来）を使った。transmutation は一般に「転成」と訳され（『オックスフォード英語大辞典』によれば、このような用法の初出は、一九二六年のフランシスコ・ベーコンの『森の森』（Sylva sylvarum）である）、転成について考察したダーウィンの有名なノートが残っている。ちなみに一七世紀には後成説とのからみで、evolution を変態の意味で使っていた時期があった。

抗生物質　antibiotics

この言葉は一九四一年に米国の土壌微生物学者セルマン・ワクスマン〔一八八八－一九七三〕が、「微生物によってつくられ、他の微生物や細胞の生理機能を阻害する物質の総称」としてつくったもので、生物（bios）に反抗する（anti）という意味である。ここでの生物とは微生物のことなので、微生物をやっつけるものということになる。

しかし、この造語は結果として誤解のもとになった。微生物ならなんにでも効果があるというイメージをもたせてしまうからで、実際には細菌にしか有効でなく、ウイルスやその他の病原微生物にはほとんど効果がない。本来なら抗菌物質（antibacterial）とすべきだったと言われている。

抗生物質という訳語をはじめてつくったのは誰か不明だが、おそらく原語の直訳によるものだろう。しかし、意味のうえからは、抗菌物質と訳しておいた方が誤解は少なかっただろう。実際に antibiotics が抗菌剤と訳される場合もある。

抗生物質は土壌細菌がつくる化学物質で、多数の微生物がすむ土壌中の厳しい生存競争のために、まわりの微生物を殺すために分泌される。毒性が非常に強いために、薬として実用できるものは比較的少ない。抗生物質は、細菌の増殖に必要な代謝径路を抑制する（たとえばペニシリンは、細胞壁の主成分であるペプチドグリカンの合成を阻害する。したがって、細胞壁をもたないウイルスなどには効果がない）ので、他の化学薬剤よりも人体に与える影響は小さいのが特徴である。

一九世紀末のコッホの病原細菌学の確立によって、多くの感染症が病原菌の作用によることが明らかになり、二〇世紀に入って、治療法としての化学療法が注目を浴びるようになり、サルヴァルサンやサルファ剤といった化学薬品が劇的な効果を現した。これらの薬品は、細菌の代謝を抑制することで病原菌だけを正確に狙い撃ちすることができるところから、魔法の弾丸（パウル・エールリッヒの造語で Zanberkugel、英語では magic bullet）と呼ばれた。

しかし、これらの薬剤が濫用されたために、多くの病原菌に耐性菌ができてしまった。そこへ登場したのが抗生物質だった。まず一九二八年にアリグザンダー・フレミングが青カビの培養液に細菌の発育を阻止する能力があることを発見し、その物質をペニシリンと名づけ、一九三八年にチェインとフローリーらによって実用化された。

これにつづいて、ワクスマンらが一九四四年にストレプトマイシンを発見した。これはそれまで有効な化学療法のなかった結核菌に顕著な殺菌効果をもち、不治とされた難病に強力な治療薬をもたらした。

その後、さまざまな抗生物質が発見され、その化学的な構造も明らかになり、現在では合成された抗生物質も数多い。これは本来の定義からはずれるが、現在では、合成化学物質も含めて、微生物の産生物に由来する化学療法剤を総称して抗生物質と呼んでいる。

残念ながら抗生物質に対しても耐性菌がつぎつぎと現れており、病原体と人間の戦いは、はてしない「いたちごっこ」(cat-and-mouse game)の様相を呈している。

8章　悩ましきカタカナ語

適切な日本語がない場合には、カタカナを当てるしかないが、この場合にもいろいろと問題がある。まず、本当に適切な日本語に言い換えることができないかの検討が必要で、安易なカタカナ語の使用は戒めなければならない。

厄介なのは、何語のカタカナ表記をとるべきかでの選択である。生物学用語は、おもにラテン語、英語、ドイツ語が起源なので、どの表記をとるべきかで、時に混乱が起きる。

キューティクル　cuticle

これは、美容業界で頻繁に使われるようになった用語だが、生物医学用語としては、はるかに歴史の古いクチクラというのがある。昆虫類や甲殻類の外骨格、植物では葉の表面の艶やかな部分など、生物体の外側をつつむ堅い膜状の構造のことで、人間の毛髪や爪の主成分もクチクラである。キューティクルは英語読みで、クチクラはドイツ語（Kutikula）読みというだけのことで同じものなのだ。しかし、知っていないと、同じものだとは気がつかない。

日本の近代生物学はドイツの影響を強く受けて発達したので、ドイツ語がそのまま、学術用語になったものが残っている。たとえば昆虫の変態ホルモンのエクジソンで、こちらも最近では英語読みで、エクダイソンと呼ばれることが多くなっている。

オルガナイザー（英語ならオーガナイザー）、エネルギー（エナジー）、ヒエラルキー（ハイアラーキー）などもそうだ、遺伝子のジーン（gene）も、私の先生より一代前の世代はドイツ語でゲン（Gen）と言っていた。

ふつうの英語が、特殊な用途の道具では変わった読み方をされることもある。鉄の iron がゴルフではアイアン、クリーニング用のものはアイロンと呼ばれる。ドイツ語では鉄は Eisen で、登山用具のアイゼンはここからきている。machine はふつう、機械かマシーンだが、裁縫用はミシン、organ はふつう器官や機関と訳されるが、楽器はオルガンといった具合である。

同じ名詞で読み方が著しく異なるのは、固有名詞、とくに人名である。欧文の綴りは万国共通でも発音は国によって異なる。日本語にするときには、現地音主義で、できるだけその国での発音に近い表記にすることになっている（もちろん、カタカナで正確な発音を表現するのは不可能なので、あくまで近いということでしかない）。

北欧や東欧の人名は耳慣れない発音が多く、翻訳者泣かせである。一方、長年の習慣で流通しているものは、現地音主義で押し通すのがなかなかむずかしい。シーザー（カエサル）、ホーマー（ホメロス）、アレキサンダー大王（アレクサンドロス大王）、ユークリッド（エウクレイデス）といった表記は、英語表記が定着してしまったものだ。

アガサ・クリスティーが創作した名探偵エルキュール・ポアロ（Hercule Poirot）は、フランス語を話すベルギー人なので、こう表記されるが、英語ではハーキュリー・パイロットという発音になる。昔、古本屋の本棚で、「ハーキュリー・パイロットの事件簿」と背に書かれてあるのを見たことがあり、一瞬、何のことかわからなかった。ついでに、このエルキュールは、ギリシア神話の英雄ヘラクレスのフランス語表記である。

同じ英語でも、日本人の耳で聞いた音と発音記号のちがいから、非常に異なった表記が生まれることもある。先に引用した『和英語林集成』の編者である Hepburn は、当時の日本人にはヘボンと聞こえたのであろうし、自らもそう記しているのだが、この同じ綴りをもつ大映画女優はヘップバーンと呼ばれた。

また小説家グレアム・グリーンとゴルファーのグラハム・マーシュはどちらも Graham だし、映画監督のイングマール・ベルイマンと映画女優イングリッド・バークマンはどちらも Bergman である。

もっと一般的な人名でも、国によって発音が異なる。たとえば、キリスト教の聖人ミカエルは、英語でマイケル、ドイツ語ではミヒャエル、フランス語ではミシェル、イタリア語ではミケーレ、スペイン語ではミゲル、ロシア語ではミハイルになる。これ自体たいした問題はないのだが、科学書などで人名が出てくるとき、どこの国の人間であるかがわからないと、表記が定まらないという問題が起きる。

さらに厄介なのは、外国から米国に移住した学者の場合である。第二次世界大戦の戦中戦後に、多くのユダヤ系ドイツ人学者が米国に亡命・移住したが、その表記をドイツ語読みにするか、英語読みにするかというのが、悩ましいのである。

アインシュタインはその代表で、姓は完全なドイツ語読みである。しかし、名前の方はアルバートと書かれているのが多い。ドイツ語読みで通すなら、アルベルトでなければおかしい。これはたぶん、まわりの人間がアルバートと呼ぶので、本人も受け入れざるをえなかったのであろう。

音楽家のレナード・バーンスタイン（ドイツ語読みならベルンシュタイン）のように完全に英語読みを受け入れている人もいる。生物学関係では、進化学の大御所エルンスト・マイアがいる。マイアは一九三一年にドイツからアメリカ自然史博物館に移って、そのまま一〇〇歳を越えるまで米国で過ごしたのだから、おそらく周囲からはアーンストと呼ばれていただろうが、翻訳ではドイツ語表記にするのが慣行である。

多民族国家である米国では、伝統への帰属意識から、あえて出身国の発音を守っている人もいるようで簡単には割り切れない。第四〇代合衆国大統領ロナルド・リーガン（Reagan）は、俳優時代はレーガンと名乗っていたが、大統領選挙中に自分はアイルランド系だから、これからはリーガンと呼んでほしいと言いだしたのだ。出自がときには政治の武器になることもあるらしい。

翻訳で、人名に関してややこしいのが、親しくなると愛称を使うことで、しばしば別人ではないかと戸惑うときがある。エドワードがエド、スティーヴンがスティーヴ、チャールズがチャーリー、マイケルがマイク、ジョナサンがジョン、ジェームズがジム、ジョセフがジョー、ニコラスがニック、アブラハムがエイブ、キャサリンがキャシーといったところはすぐに見当がつくが、ウィリアムがビルに、リチャードがディック、ドナルドがダン、ロバートがボブ、ボビー、エリザベスが、リズ、ベス、ベッキー、マーガレットが、マギー、メグとなると、日本人にはすぐにピンとこないので、うっかりすると別人として翻訳してしまいかねない。

ビタミン　vitamin

ビタミンの存在をはじめて報告したのは日本人鈴木梅太郎［一八七四－一九四三］で、一九一一年に脚気の原因がオリザニン（ビタミンB1）の欠乏であることを証明した。以後ぞくぞくと類似の物質が発見されていった。

この同じ一九一一年に、ロンドンで研究していたポーランド人カシミール・フンク［一八八四

―一九六七」が「生命のアミン」という意味で、そうした不可欠微量栄養素を vitamine と名づけた。のちにその本体がアミンではないことが明らかになり、語尾の e をとって、vitamin となったわけである。

英語の発音に近づければ、ヴァイタミンとするべきところだが、当時の医学界はドイツ語が主流で、ドイツ語読みがふつうであった。そのため、ドイツ人エミール・フィッシャー［一八五二―一九一九］の弟子だった鈴木自身が『研究の回顧』（一九四三年刊）でヴィタミンと書いている。

このヴの字を使う表記は、英語の v と b を区別するために、福沢諭吉が『増訂華英通語』で使ったのが最初とされる。ところが、戦後一九五四年の国語審議会の答申によって、原音を少しでも区別するためのこのすぐれた工夫がすべて禁止されることになった（使っても逮捕されるというわけではないが、新聞・教科書で採用されないので、よほどの文豪でもないかぎり物書きは使うことができなくなった）。

ヴはもちろん、「シェ」「ジェ」「ティ」「ディ」は、「セ」「ゼ」「チ」「ジ」に、「ファ」「フィ」「フェ」「フォ」は、「ハ」「ヒ」「ヘ」「ホ」を使うよう指示され、「ウィ」「ウェ」「ウォ」も使えなくなった。

こういう表記法については賛否両論があり、どうせ日本語では正確な外国語の発音を区別できないのだから無意味だとする強硬な反対論もある。しかし、知らない単語がカタカナで書かれているときに、原綴りを探す手がかりとしても、b と v、h と f、u と w、d と z が区別できるのは、十分に意味があると私は考える。

時を経て、一九九一年の内閣告示第二号によって、従来禁止されていた上記の表記を使ってもいいことになり、最近の新聞・テレビではヴを使う例がちらほらと現れるようになった。しかし、この間に、ヴなどの使用を禁じられた表現はすっかり定着してしまった。ベール、レベル、ライバル、ベテラン、テレビなどは、すっかり日本語として定着してしまい、ヴェール、レヴェル、ライヴァル、ヴェテラン、ティーヴィーなどと書くのは、いささかキザったらしくて気がさす。

化学用語などはすべてこの禁止則を遵守して決められており、本来なら「フォスフォ」と表記すべきものが「ホスホ」「ディクロロディフェニルトリクロロエタン」であるＤＤＴが「ジクロロジフェニルトリクロロエタン」となっている。可能な限り元の綴りを連想させる表記にするのが望ましいとは思うが、ここまで定着してしまったものは、もはや戻せないだろう。

ウイルス　virus

ウイルスは上記の表記変更の嵐をかいくぐって咲いたあだ花である。これも英語読みをすればヴァイアラスで、現代の医学関係者でこちらの表記をとる人も少なくない。古い世代の人々はビールスという言い方をするが、これには複雑な歴史的事情が絡んでいる。

ウイルスはコッホが引き起こした細菌学の黄金時代がようやく峠を越えるころにはじめて発見された。一九世紀の終わりにかけて、細菌ではない微少な病原体の存在が次々と明らかにされた。そうした病原体は濾過器を通過し、光学顕微鏡では見えないという性質をもっていたため、濾過性病原体（filterable virus）あるいは顕微鏡でも見えないほど小さな病原体（ultramicroscopic virus）などと呼ばれ、やがて一九三〇年代のはじめに全体を総括する言葉として形容詞をのぞいた virus が使われるようになった。

virus はもともとラテン語で「毒」という意味だったがのちに転じて病原体一般を表すようになったものである。ウイルスは生物かどうかという議論は古くからあるが、少なくとも生命の基本的性質である自己複製能力（他の生物に寄生したときにだけ複製できる）と代謝能力をもたないので、完全な生物とは言えない。生物的な要素をもつ非生物といったところだろう。

この日本語表記も最初はドイツ語経由で、ヴィールスだったが、一九五三年に日本ウイルス学会が設立され、ラテン語をもとにウイルスという表記を採用した（ラテン語のｖはウに近い発音になる）。したがって、専門のウイルス研究者はウイルスを支持したが、医学者の大勢はヴィールスで、それが件の用字制限によって、ビールスと改訂された。

用字制限の翌年の一九五五年に日本医学会医学用語整理委員会が中間報告として、「ビールス」

を提示し、当時の文部省学術用語審査会が採用したためで、小中学校の教科書をはじめ、報道機関や辞書にこれが採用されることになった。この結果、ヴィールス、ビールス、ウイルス、それに英語読みのヴァイ（ア）ラス、バイラスが加わって大混乱に陥った。

その後、一九六五年あたりに日本ウイルス学会が中心になってマスコミに用語の統一を強く働きかけて、しだいにウイルスという表記が定着した。もっとも園芸関係ではいまでもバイラスという表記が使われていて、園芸作物バイラス病といった言い方がされている。

コンピューターの世界のウイルスは、生物学におけるウイルスを転用したものなので、ヴァイアラスと言ってしまったのでは、意味が通じなくなってしまう。ヴァイアラスに変更したいと思っている人も多いだろうが、これもいまさらどうなるものでもないだろう。

ホモ　homo

ふつうの人がホモという単語を聞いて、まっさきに思い浮かべるのはホモセクシャル（homo-sexual）、つまり同性愛者のことだろう。日本では男性の同性愛者のみをホモと言うことがあるが、原義のうえでは女性も含まれる。

男性の同性愛者のみを指す言葉としてはゲイ（gay）があるが、こちらはホモの侮辱的な響きを嫌った同性愛者たち自身が意識的に流行らせた用語で、この単語には「陽気な」「派手な」という肯定的な意味合いがある。そのため、女性同性愛者のなかにも、ゲイを自称する人がいる。

女性の同性愛者のみを指す言葉としてはレズビアン（lesbian）があり、ふつうレズと略される。レズにも侮辱的なニュアンスがあるため、それを嫌って、「ビアン」という言い方をする人もいる。

しかし、生物学でホモと言えば、二つの重要な用法がある。一つは分類学用語として、ヒト（属）を表すことである。これはラテン語で人間を意味する homo からきている。現生人類の学名はホモ・サピエンス、ネアンデルタール人は、ホモ・ネアンデルタレンシス、北京原人やジャワ原人はホモ・エレクトゥスである。これをもじって、オランダの歴史学者ホイジンガは「ホモ・ルーデンス」（遊ぶヒト）という言葉をつくっている。

もう一つは、遺伝学においてホモ（同型）接合体（homozygote）の略語として使われることで、これと対になるのがヘテロ（異型）接合体（heterozygote）である。ではホモ接合体とはなんのことか。

人間を含めて高等生物は原則として二セットのゲノムをもっている。つまり、同じ形をした染色体が二本ずつあり、各遺伝子が染色体上で占める位置は決まっていて（これを遺伝子座 locus と呼ぶ）、たとえば人間のＡＢＯ型血液型を決める遺伝子座は九番染色体にあり、占める対立遺伝子の種類は三つある。

一本の染色体の遺伝子座は一つの遺伝子しか占めることができず、A型、B型、O型遺伝子（血液型抗原のもとはH型物質で、A型、B型遺伝子はH型物質をA型、B型に変え、O型遺伝子はH型物質のまま）のどれか一つがくる。

もう一本の染色体についても同じことが言えるので、二本の染色体でできる組み合わせとしては、AA、AB（BA）、AO（OA）、BB、BO（OB）、OOの六通りがある。このうちAA、BB、OOのように二本の染色体に同じ遺伝子が乗っているのがホモ接合体で、AB、AO、BOのように二本の染色体に異なる遺伝子のあるものがヘテロ接合体である。生物学者は、このことを単にホモ、ヘテロと呼んでいるのである。

このhomoの語源は「同じ」という意味のギリシア語で、これを接頭辞としてもつ多数の単語がある。たとえば、homogenate（細胞などをすりつぶして均質な懸濁液にする）、homology（相同、生物学用語で、同じ起源をもつことを指す）、homonym（同音異義語）といったところである。

homoの変化形にhomeoというのがあるが、これも「同じ」という意味である。homeoのついた単語もたくさんあるが、なかでも重要な単語としてホメオスタシスというのがある。生物の体は体温や血液中の酸性度あるいは糖分濃度などの変化に対して、つねに一定にたもとうとする機構をもっているが、アメリカの生理学者キャノンがつくった言葉で、日本語では「恒常性」と訳されるが、カタカナ表記で使われることも多い。

もう一つ homeo のつく言葉で、よく耳にするのはホメオパシー、ホメオパスである。home-opathy というのは、「同じ病気」という意味で、患者と同じ病気を引き起こす薬剤によって治療するという、ハーネマン〔一七五五－一八四三〕の特異な病気観にもとづく治療法で、その治療家をホメオパス（homeopath）と呼ぶ。

病気に類似した症状を引き起こすような薬剤を使うために、頻繁に事故を起こしたためだと考えられるが、薬の量はしだいに減らされていき、今日のホメオパシーでレメディ（治療薬）に使われる方法にたどりつく。

その方法とは、原液二滴を九八滴のアルコールで希釈し、その操作を三〇回繰り返すといったものである。もし本当にこの通りにされているとすれば、一〇の六〇乗希釈されているわけで、そこにはもとの物質は一分子も含まれていないことになる。科学的に言えば、薬効などあるはずがないが、治療するのは物質そのものではなく、そこに含まれている霊的な力であり、それが希釈によって強化されるのだと主張する。

偽薬として治療効果をもつことはあるのだろうが、正常な医療行為と認められない。一種の宗教として信じる人を止めることはできないが、社会的な影響を無視できない場合もある。ホメオパシーは人間の自然治癒力を前提にしたものだが、そこから、子供の予防接種が自然治癒力を衰退させるという理由で拒否する親がおり、結果として、ホメオパシーへの信仰は伝染病の流行を促進する危険性をはらんでいる。

マニュアル　manual

マニュアルというのは、ラテン語の manus（手）を語源としており、手動、手作業という意味で、もともとは、精神的、理論的なものへの対語だった。ローマ時代に、「頭ではなく手を動かさなければならない人々」に対する差別的なニュアンスがあったかどうかは知らないが、手の使用こそは、二足歩行によって手が自由になった人類だけに許された特権であった。

手で対象物をさわるという行為が認識において果たす役割の重要性は、日本語の「把握」、英語の grip、ドイツ語の Begreifen という言葉などからもうかがうことができる。手の使用なくして人類の進化はなかったのである。

現代では、マニュアルの反対語は機械的な動作であり、自動車の運転で言うなら、オートマ（automatic）ということになる。

ところが最近「マニュアル人間」なる和製カタカナ語を眼にしてびっくりした。てっきり、機械的なやり方に反旗をひるがえし、手作り精神に燃えた人間のことかと思ったら、意味はまるっきり正反対だった。マニュアル通りにしか動かない機転の利かない人間のことを言うらしい。

この言葉のもとになっているマニュアルというのは、手引き書、操作法、便覧の類のことであろう。こちらは同じ手でも英語の handy に相当するもので、手軽で、簡単に持ち運びできるものというのが原義である。ＩＣ付きのコントローラーで操作しなければならない電子機器に満ちあふれた現代では、あらゆる機械はマニュアルがなければ動かせないため、手引き書という用法が占める比重が増したということなのかもしれない。

手の作業にかかわる manual には、手話という意味もあり、manual alphabet はマニュアル用のアルファベットではなく、手話のアルファベットであり、manualism は聾児の教育法の手話主義を指すのである。

manus を語源とする英単語はたくさんある。主要なところでは、まず写本、手書き原稿を意味する manuscript がある。現在では手書きでなくパソコンからプリントアウトされたものでも、印刷前の原稿はこう呼ばれる。次が製品、製造、ならびに製造工業を指すマニュファクチュア manufacture がある。これはラテン語の manu factura すなわち、「手でつくる」に由来するもので、最初は簡単な道具や機械をつかってモノを手作りするという意味で使われていたが、いつのまにか手のことは忘れられて、工場制手工業という意味で使われるようになったものである。

manipulate は手で扱うことで、機械や市場の操作を指す言葉になっている。manipulator は操作をする装置または人間ということになるが、科学の実験では非常に精密な作業や、放射性物質などの危険物を扱うときに、マニュプレーターが威力を発揮する。作法を表す manner も manus

を語源として、もとは手並みとか手法という意味だった。

マニュアルの反対語であるオートマは、正しくはオートマチック（automatic）のことだが、その原形はオートマトン（automaton、複数形は automata）である。その歴史は古代ギリシアにまでさかのぼる。ギリシア語の automatos は「自ら動くもの」という意味で、具体的には、アレクサンドリアのヘロンがつくったような、単純な歯車や水力を用いた機械仕掛けの自動装置を指した。

一五〜一六世紀あたりからゼンマイを動力とする機械時計の発達にともなって、さまざまな自動機械人形（オートマトン）がつくられるようになり、一八世紀にその絶頂を迎える。フランスのヴォーカンソンが楽器を演奏する機械人形をつくり、スイスのシャケ・ドローズは字や絵を描く人形をつくって、当時の人々をあっと驚かせた。

日本でも一八世紀には精密なからくり人形がつくられ、現在でも田中久重《ひさしげ》や大野弁吉《べんきち》の作になる遺品（お茶くみ人形など）が残っている。こうした機械人形は、デカルトやラ・メトリーの近代的な人間機械論を生む一つのきっかけとなった。たとえば、デカルトは、人間の体をゼンマイ仕掛けの機械にたとえ、心臓はポンプ、肺は鞴《ふいご》、胃は摩砕機、腕は起重機、神経はワイアーとみなした。こうした機械論的生命観は現代医学の一つの柱であり、人工臓器や、臓器移植への道を開くことになった。

人工人間の系譜はＳＦのなかで大活躍するが、いくつかの種類がある。見るからに機械というものはロボット robot（これは一九二一年にチェコの作家カレル・チャペックがつくった言葉）、人間ソックリにつくったものがアンドロイド android で、この言葉は作家リラダンの『未来のイヴ』が初出とされている。

人間の体の一部を機械に置きかえたのがサイボーグ cyborg で、この語はサイバネティック生物（cybernetic organism）の略である。一九六〇年に米国のマンフレッド・クラインズとネーサン・クラインが宇宙航空学の雑誌に載せた「サイボーグと宇宙」と題する論文で提唱したものである。

オートマータに由来する言葉でもっともよく耳にするのはオートメーションで、「自動化」「自動操作」などという訳語があるが、製作工程をすべて機械化することで、人手が基本的に排除されるという点で、マニュファクチャーと根本的に異なっている。

ロイヤル・ソサエティ　The Royal Society

これには王立協会という、すでに定着した訳語はあるが、厳密には正しくない。国王の許可を得て設立されたというだけのことで、王立ではなく、しかも協会というよりは学会に近いものだからである。

私はふつうロイヤル・ソサエティと仮名書きにすることにしているが、王立協会でも格別に不都合があるというわけではない。より適切な訳語としては、科学史家の板倉聖宣《きよのぶ》氏が提案している王認協会か、その内実を重視して、英国学士院とする手もある。ただし、ロイヤル・ソサエティが自然科学者の組織であるのに対して、人文系の学者による英国学士院（British Academy）が別組織として存在している。言ってみれば、ロイヤル・ソサエティは、日本学士院の自然科学部門に相当するわけだ。

ロイヤル・ソサエティの正式な名称は The Royal Society of London for the Improvement of Natural Knowledge（略号はＲＳ）で、科学的知識の発展普及を目指して、一六六〇年にロンドンに設立された最古の学会である。エジンバラにも同様の組織があるが、ふつうにロイヤル・ソサエティと言えば、ロンドンのものを指す。

会員はフェローと呼ばれ、フェローになるのは英国人学者にとっては大変な名誉で、肩書きのあとにＦＲＳをつけることができる。年間予算（現在では四〇億円程度）の四分の三は国家から出ているが、残りは会員の会費と寄付金によってまかなわれている。フェローに選ばれる人の平均年齢は五〇歳で、ふつう六五歳を越えないと会員になれない日本の学士院会員（二〇〇七年度選出の新会員九名の平均年齢は六八・八歳、二〇〇八年度は平均年齢七三・五歳）と大きなちがいがある。

ロイヤル・ソサエティのフェローはかなり高額の会費を払うのに年金などはいっさいもらえないのに対して、日本学士院の会員は国から終身年金（現在は二五〇万円）を貰えるので、若くして会員にすると政府の負担が増えるという事情があるからだ。

Royal は、王立と訳されることが多いのは確かだが、かならずしも、王権のもとにあるとはかぎらず、ロイヤル・ソサエティのように民間で設立された組織に王が特認を与えた場合も少なくない。王権というより国家に直属する場合には、英国空軍（Royal Air Force）や英国国歌（Royal Anthem）のように、英国と訳されることもある。

Society の方は、もともとは単なる社会のことだが、団体や組織の名称として使われるときには、さまざまな呼び方がされる。まずは学会で、世界には数多くの学会があるが、そのほとんどは society を名乗っており、まれに association を使っているものがある。

二つ目は同業者や同好の士の集まりで、たとえば会計士協会（Society of Accountants）や惑星協会（The Planetary Society）といった例があるが、この意味での組織名には association が使われるのがふつうである。

三つ目はキリスト教の教団で、キリスト友会（Society of Friends）やイエズス会（Society of Jesus）と訳される。

ロンドンには、生物学の歴史に重要な役割をはたしてきた二つの学会がある。リンネ協会（Linnean Society of London）とロンドン動物学協会（Zoological Society of London）で、いずれも協会と訳されることが多いが、その内実はやはり学会である。

　リンネ協会は一七八八年に創設され、植物学だけでなく、動物学の研究雑誌も刊行している。会員（フェロー）は名前のあとに肩書きとして略号のＦＬＳをつける。植物学関係者にとって、この会員になることは最大の名誉である。

　ロンドン動物学協会の方は、植物学中心のリンネ協会にあきたらない研究者たちを糾合して、一八二六年にトマス・スタンフォード・ラッフルズ［一七八一－一八二六］によって設立された。施設として、博物館、図書館をもち、さらに生きた動物を研究するという名目のもとに、農場と動物園もつくった。この動物園が翌年に一般人に開放されて、ロンドン動物園となるのである。当時の新聞報道によれば、開園当初は、敷地内には毎日社交界の人々で満ちあふれていたという。会員は名前のあとに肩書きとして略号ＦＺＳをつけることができる。

あとがきに代えて――和名考など

外国語から日本語への翻訳には異文化という壁があり、つねに困難がともなう。近世以前における日本への外国知識の移入は、もっぱら中国からで、抽象的な概念から具体的な事物、動植物の名前にいたるまで、漢字のまま伝えられた。それを日本語としてどう解釈するかを論じるのが学者の仕事であった。いわゆる本草書の場合には、薬に使われる動植物の名前が多数出てくるので、まちがえれば命にかかわることもある。正確な翻訳が望まれるゆえんである。

身近な動植物名については、当然のこととして大和言葉による呼び名があった。八世紀末の『万葉集』には、少なくとも植物が一六〇種強、動物が一一五種ほど詠われており、佐久良（サクラ）のように漢字ではなく、万葉仮名で書かれたものが多数ある。また保登等藝須と雀公鳥（ホトトギス）のように、万葉仮名と漢字が両方使われているものもある。

しかし、佐久良や保登等藝須が本当のところ何を指しているのかは、また別に考究されるべき事柄で、江戸時代の名物学者から現代の生物学者までさまざまの人々がその問題に取り組んできた。

本草書の漢字名が日本のどの生物に当たるかという考定は、日本の本草学者の研究課題の中心でありつづけた。一〇世紀はじめの深根輔仁《ふかねすけひと》の撰になる『本草和名』は、蘇敬《そけい》の『新修本草』に出てくる漢字の薬物名に和名を当てたものだが、動物一八五種の六割、植物名約五〇〇種の八割に和名が当てられている。ただ、記載から見当をつけているだけで、標本をつきあわせるという作業をともなうものではなかったので、今日から見れば多くの誤りがある。本草名の和名から漢字名が引けるようにした『本草色葉抄』の撰者である惟宗具俊《これむねぐしゅん》は、実物の観察にもとづいて、『本草和名』におけるいくつかの比定の誤りを指摘している。

時代が下って一七世紀には、中国から李時珍《りじちん》の『本草綱目』という画期的な本草書が伝わり、日本の本草学に大きな影響を与えた。そのおよそ一〇〇年後に、それを手本にした『大和本草』(一七〇九年刊)が貝原益軒《かいばらえっけん》によって刊行される。益軒は自ら日本各地をめぐって標本を集め、独自の分類体系のもとに、日本産の生物(および鉱物)を中心にした博物学的な本草書をつくりあげた。

『大和本草』では種の見出しは基本的には漢字で立てられ、日本語読みのルビあるいは日本語の別称が添えられているが、漢字名のない日本産のものはカタカナが見出しになっている。ここにおいて、漢字名と和名の対応は科学的により正確なものとなる。

日本の本草学の最高の達成とされているのが、一九世紀はじめに刊行された小野蘭山《らんざん》の『本草綱目啓蒙』（一八〇三―〇六年刊）である。蘭山は『本草綱目』や『大和本草』の成果のうえに、自ら実証的な研究をおこない、より博物学的な色彩の濃いスタイルで各品目について記載している。本書との関連において重要なのは、それぞれの生物の地方名を多数収載していることで、江戸時代における動植物名の実態を知るうえで貴重な資料になっている。

一八世紀後半から一九世紀初頭にかけてケンペル、ツュンベリー、シーボルトといった西洋人博物学者が相次いで日本を訪れ、日本各地の動植物を調査し、記録を残した。ケンペルはドイツに帰国後著した『廻国奇観』（一七一二年刊）で、日本の本草書からの図を転載して、ラテン語で特徴を記載した。この記載からリンネが二名法の学名をつけた（植物だけで一二種）。

ツュンベリーはリンネの弟子で、一七七五年に来日し、日本各地をまわって多数の標本を採集し、スウェーデンに帰国後、『日本植物誌』（八〇〇種以上を記載し、そのうち新種は三九〇種にのぼる）や『日本動物誌』（三三四種を記載し、新種は二種）を著した。『日本植物誌』では、学名と日本名が併記されており、ここではじめて、学名と和名の対応がつけられることになった。

シーボルトは、そのおよそ半世紀後、一八二三年に長崎に到着し、六年間にわたって滞在し、先の二人にもまして精力的に調査と標本採集をおこない、帰国後ツュンベリーと同じように『日本植物誌』や『日本動物誌』を著した。シーボルトは日本の多数の蘭学者・本草学者に西洋科学の先端的知識を与えることで大きな影響を残した。

学名の存在理由

動植物が、文学的な賛美や詠嘆の対象にとどまるかぎりでは、言葉の響きや文字面の美しさに重きをおいて名前が選択されてもなんの問題もない。しかし、科学の対象として、その生態や生理、あるいは系統を論じようとすれば再現性が求められるので、同じ種を扱っていることが保証されなければならない。

日本だけでも各地に方言があるように、世界中のそれぞれの地域で同じ生物が異なった名前で呼ばれ、あるいは同じ名前で異なった生物を指す場合がある。それゆえ、近代生物学の発展のためには、世界で共通に通用するラテン語の名前をつけるリンネ方式の学名が不可欠だったのである。

リンネ式の学名は異論の余地なく誰もが認めるものでなければならないために、厳密な規定がある。動物、植物、細菌でそれぞれ細かな命名規約があるが、基本的なルールは同じである。新種を命名するときには、その種の形態的特徴や近縁種との相違点を記載した論文を書き、一体の模式（タイプ）標本を指定し、それを永久保存することである。そうしておけば、種の同定に疑問があるときには、いつでも模式標本と照らし合わせることができる。

ところが、日本産の生物の多くは、西洋人博物学者がもちかえった標本をもとに学名記載がなされたため、模式標本の多くが日本にはなく、ライデン博物館や大英博物館にあるという困った状況にあり、日本人分類学者は、そこまで出かけて標本を確認しなければならないのである。

科学的研究のために学名が統一されるべきだとしても、ふつうの人間にそれを押しつけることはできない。ラテン語学名を覚えるのはたいへんだし、聞いた方も容易に理解できない。それぞれの国や地域で使われている通り名で話した方がわかりやすいのは当然である。なんといっても、学名などができる前から使い慣れた言葉なのだから。

英語圏なら英名、フランスなら仏名、ドイツなら独名、中国なら漢名、日本なら和名がある。しかし、通り名にも方言という問題がある。たとえば、魚の「ハヤ」（「ハエ」とも）は、地方によって異なるものを指している。

標準和名でアブラハヤ（*Phoxinus logowskii*）、タカハヤ（*Phoxinus oxycephalus*）、ウグイ（*Tribolodon hakonensis*）、オイカワ（*Zacco platypus*）、カワムツ（*Zacco temminckii*）、ヌマムツ（*Zacco sieboldii*）のどれもが、地方によって「ハヤ」と呼ばれるのだ。一方で、ウグイには、アイソ、アカハラ、クキ、タロ、ニガッパヤ、イダなどの異称がある。オイカワにはハス、シラハエ、シラバエ、チンマ、ヤマベ、ジンケンといった地方名があり、カワムツもアカバエ、ヤマソ、モト、ムツ、モツ、ブトなどと呼ばれることがある。

地方の釣り師どうしが話をする場合にはまぎれはないが、生態学的な話をしようとするときには、通り名では、どの魚の話なのか、聞き手は混乱してしまう。やはり通り名も統一する必要がある。そこで、標準和名（英語の場合には標準英名）が生まれることになった。これは学名と一対一の対応をすることが原則である。ただし、学名のような厳密な規約がなく、主として当該の学会によって決められる。魚の名前なら魚類学会、鳥の名前なら鳥類学会、草花の名前なら植物学会といった具合である。

日本産の動植物については、その分野でもっとも多くの人が使っている名前を標準和名にすればいいが、外国産のものではあらたに和名をつくらなければならない。和名のつけかたの基本はその種の形態的・生態的特徴をとらえることで、ペンギンを例にとると、ヒゲ、キマユ、ハシブト、エンペラ、イワトビ、キンメなどがそうで、次は発見者や命名者にちなんでフンボルトやマゼラン、アデリー（南極探検家デュモン・デュルヴィルの妻の名）、さらには生息地にちなんだ、ガラパゴス、ケープといった形容詞を加えるのである。

ただ、ペンギンのように全体の種数が少なければたいしたことはないが、コウモリ類やネズミ類のように似たような種が何百種類もいると、重複が一つもないようにそれぞれに適切な和名をつけるのは大変な仕事である。そのため、学名をカタカナ読みするだけで、和名の代わりにしている専門家も少なくない。とりわけ、園芸植物の世界やペット業界では、このカタカナ読みが一般化している。

標準和名と言えども、時代とともに変わってしまうことがある。和名が不適切だとか、分類体系に変更があったという理由で、あるいは世界標準に合わせるために（たとえば、オオショウジョウ、クロショウジョウがそれぞれゴリラ、チンパンジーになったように）、変えられてしまうのは珍しいことではない。

和名はもともと漢字で表され、場合によって読みがルビで付されていた。戦前の漢字カタカナ混じりで書かれた論文では、地の文と区別するために、生物名はひらがなで書くのがふつうだった。戦後、国語改革によって漢字ひらがな混じりの文章が推奨されるのにつれて、動植物名はカタカナ書きが通例となった。文学などにおいては、漢字を使おうが、カタカナ、ひらがなのどちらを使おうと自由だが、生物学的な文章では、カタカナ書きが望ましいと考えられている。

さて、問題になるのは英名から和名への翻訳である。それには、その英名がいかなる学名に対応し、その学名がどういう和名に対応するかという正確な知識が必要になる。この対応がうまくつかないと誤訳が生じる。たいていの場合、大きな英和辞書には、学名付きで当該の和名が載っているが、なかには、まちがっていることもあるので注意が必要である。

今回の執筆に当たって調べてみたところ、誤訳の定着に中国語訳が介在している場合のあることに気がついた。もっとも大きいのは漢訳『聖書』の影響である。英訳『聖書』から日本語訳『聖書』への翻訳にあたって、漢訳『聖書』が参照され、多くの単語について、英語→中国語→日本語という変換がおこなわれたのである。

最初の漢訳『聖書』はロバート・モリソンとウィリアム・ミルンによる『神天聖書』で、一八二三年にマラッカで刊行され、これが日本にも持ち込まれていた。つづいて一八六一年から六四年にかけてE・C・ブリッジマンとM・S・カルバートソンによる『旧新約全書』全四巻が上海で出版され、これが日本語訳『聖書』の翻訳時に種本となったようである。

誤訳は（1）英語から中国語へと、（2）中国語から日本語への二段階で起こりうる。（1）については二通りの原因が考えられる。一つは、キリスト教の精神を中国人に適切に伝えるための意識的な翻訳である。もっとも端的な例は theos を「神」とするか「上帝」とするかで宣教師会議が紛糾したことに見られる。これと同じ精神で、palm を「椰子」ではなく、中国人になじみのある「棕櫚《しゅろ》」とした可能性がある。こういう意訳は、聖書のような布教を目的とした書物では正当化されるだろう。もう一つは情報不足による誤訳で、地中海地方特産のオリーブがわからないために、外見の似た「橄欖《かんらん》」の字を当てた可能性である。

（2）は古来、中国本草書の解釈につきまとった問題で、同じ漢字を使っていながら、中国と日本で意味する内容が異なることから生じる誤訳である。たとえば漢字の柏は日本ではカシワを指すが、中国では、スギ科、ヒノキ科を含むマツ科以外の針葉樹の総称であり（漢英辞典では cypress, ceder となっている）、漢文の柏をカシワと訳せば誤訳になる。

また「イナゴ」の項で述べたように、漢字の「蝗」は locust（トビバッタ類）そのものを指すのに対して、日本語ではイナゴ、ウンカの類を指すというちがいが、誤訳のもととなっている。

訳語に見る日中関係

日本の幕末から明治初年にかけての時期、つまり一九世紀中葉から末期にかけては、『聖書』だけでなく、西洋知識の先端を伝えるさまざまな書物の漢訳および日本語訳がなされた。とりわけ英語からの翻訳が多かったのだが、その際の訳語の選択にあたっては数多くの試行錯誤があり、漢訳と日本語訳がそれぞれに複雑な影響をおよぼしあった。

日本語訳の場合にはオランダ語からの翻訳が先行していて、学術的な訳語が確立しているものについては、英訳にも転用された。宇田川榕菴《ようあん》が『舎密開宗《せいみかいそう》』でつくった「塩酸」「硫酸」「硝酸」などは、中国で最初は別の言い方（塩強水、硝強水、礦強水）をしていたが、後にはこの日本語訳を採用することになった。日本語で新しい訳語をつくるときに中国にあった古い熟語に、新しい意味をもたせて使う場合には、中国語と日本語のどちらが先かという点で微妙なケースがある。沈国威《しんこくい》編著『植学啓原《けいげん》と植物学の語彙——近代日中植物学用語の形成と交流』（関西大学出版部、二〇〇〇年刊）は、cell の「細胞」という訳語の起源について論じている。従来、この訳語は宇田川榕菴著の『植学啓原』（一八三四年刊）が初出とされているが、これが本当に現代生物学における細胞を意味しているかどうか疑問がある。そのうえ、日本では他の蘭学者に踏襲されず、その後に出た『英和対訳袖珍《しゅうちん》辞書』（一八六二年刊）では、「細キ管 樹木ノ」と訳されているだけであり、『和英語林集成』でも、初版・再版にはなく、やっと第三版（一八八六年刊）に

「細包」と出ているだけである。

生物学的な意味の「細胞」がcellの訳語として日本で定着するのは李善蘭《りぜんらん》らの編訳になるジョン・リンドレーのElements of Botanyを底本としたと推定される漢訳『植物学』（一八五八年刊）が日本に持ち込まれ、その和刻本（一八六七年刊）がつくられて以降である。この本ではcellに「細胞」という訳が当てられていた。

小野職愨《もとよし》が編纂した日本最初の植物学用語集である『植学訳筌《やくせん》』（一八七四年刊）は、cellに細胞を当てているが、これは『植物学』によったと考えられている。

一方、中国では、『植物学』の訳語はその後の英華辞典に採用されず、「微胞」や「生珠」などが使われていた。やがて、二〇世紀に入って、日本語文献の影響で、あらためて近代生物学の用語として中国でも「細胞」が復活することになったのである。一つの訳語が定着するまでに、何度か日中間での往復があったこのような例は、おそらく、あらゆる分野の訳語についても見つかることだろう。

こうした錯綜した状況を生んだ原因の一つに日本の知識人の教養の高さがある。江戸期における知識人はほとんど漢文を読むことができ、それはおそらく現在の英文を読める人の比率よりも高かったのではなかろうか。そのため、日本にきた宣教師たちは漢訳『聖書』で十分に職務をはたすことができた。

学者にとっての文献は基本的に漢文だったのであり、杉田玄白の『解体新書』の翻訳はオランダ語を日本語に訳したのではなく、漢文に訳したのである。そこには、同じ漢字を使うことによる誤解の可能性がつねに存在した。さらに厄介なのは、最初の英華辞典をつくったのも、英和辞典をつくったのも、宣教師たちであったことで（プロテスタント諸派の宣教師にとって現地語訳の聖書は布教のために不可欠であり、彼らは朝鮮語訳、琉球語訳、アイヌ語訳の聖書までつくっている）、中国語と日本語に関しては同じ文字を使っていることからくる安易な流用が、誤った訳語の定着に関与していた可能性は非常に大きい。

一方で、今日における英語の普及、そして和製英語の氾濫は、これから、また別の意味での誤った訳語の定着を生み出す危険性をはらんでいると考えざるをえない。

本書で取り扱った例のなかには、揚げ足取りと受け取られかねないものがあるかもしれないが、正しい科学啓蒙のためには、適切な訳語の選択は欠かすことのできない条件であることを、理解していただければ幸いである。最後になったが、本書の刊行に尽力していただいた八坂書房編集部の畠山泰英氏に感謝を捧げる。

二〇〇九年一〇月

垂水雄二

ムページ（http://www.bible.or.jp/main.html）で、章、節単位で検索することができる。
　また、文部科学省および各学会によって定められている学術用語集については、国立情報学研究所の「オンライン学術用語集」（http://sciterm.nii.ac.jp/cgi-bin/reference.cgi）で検索することができる。

［執筆に際して参考にした書籍］
　和名の変遷にかかわる生物学史的な流れに関しては、主として以下のものを参照した。
　『日本博物学史』（上野益三著、1973年、平凡社）
　『文明のなかの博物学 ―― 西欧と日本』上下（西村三郎著、1999年、紀伊國屋書店）
　『日本自然誌の成立 ―― 蘭学と本草学』（木村陽二郎著、1974年、中央公論社）
　『江戸の博物学者たち』（杉本つとむ著、1985年、青土社）。
聖書の漢訳・日本語訳の成立事情については
　『日本の聖書 ―― 聖書和訳の歴史』（海老沢有道著、1964年、日本基督教団出版部）
漢語訳と日本語訳の影響関係については
　『植学啓原と植物学の語彙 ―― 近代日中植物学用語の形成と交流』（沈国威編著、2000年、関西大学出版部）。
医学用語の日本語訳にまつわる歴史的な事情については
　『近代医学の史的基盤』上下（川喜田愛郎著、1977年、岩波書店）を、それぞれ参照した。
　なお、今回、直接参照はしなかったが、幕末から明治期にかけての翻訳語成立事情については、柳父章氏の以下の一連の著作が参考になる。
　『翻訳の思想 ――「自然」とnature』（1977年、平凡社）、『翻訳語成立事情』（1982年、岩波書店）、『「ゴッド」は神か上帝か』（2001年、岩波書店）。

もあるので、慎重に取捨選択しなければならない。

なお、『動物大百科』（今泉吉典ほか監修、1986 ～ 1987 年、平凡社）、および『世界動物百科』（朝日ラルース編、1971 ～ 1974 年、朝日新聞社）の各巻には、主要な世界の動物の英名・学名が含まれているので、索引巻をうまく利用すれば、和名検索に便利である。

植物名については、『週刊朝日百科・世界の植物』（北村四郎ほか監修、1975 ～ 1978 年、朝日新聞社）がもっとも包括的で、こちらも、索引をうまく利用すれば、英名・学名からかなりの植物の和名がわかる。『世界有用植物事典』（堀田満ほか編、1989 年、平凡社）は、有用と限定されてはいるわりには、かなり広汎な植物が収載されており、英名と和名、漢名の対応を知ることができる。

『英米文学植物民俗誌』（加藤憲市著、1976 年、冨山房）は植物名の由来にくわしいだけでなく、英名から和名を知る手段としても有益である。

なお、英名から学名を知る手軽な辞書としては、

"A Dictionary of Useful and Everyday Plants and their Common Names"（F. N. Howes, 1974, Cambridge University Press）がある。

『岩波生物学辞典・第 4 版』（1960 年が初版）は、初版からの年月がたっているので、最新の研究分野の情報は追いきれていないが、生物学用語一般に関してもっとも信頼できる辞書である。巻末に全生物の系統分類表があり、高次の分類群の和名を知るうえで便利である。

『聖書』に登場する動植物の比定については、多数の本があるが、網羅的なものとして、つぎの 2 冊をあげておく。
『聖書植物大事典』（ウィリアム・スミス編、藤本時男訳、2006 年、国書刊行会）
『聖書動物大事典』（ウィリアム・スミス編、小森厚・藤本時男訳、2002 年、国書刊行会）

［ネット上の出典］
本書でたびたび引用したヘボンの『和英語林集成』は手許に講談社学術文庫版のものがあるが、これは第三版をもとにしている。ネット上では、明治学院大学が「『和英語林集成』デジタル・アーカイブス」というサイト（http://www.meijigakuin.ac.jp/mgda/index.html）で、この辞書そのものと、関連情報を公開している。ここには、英語からでもローマ字日本語からでも引ける索引があり、しかも、初版、再版、三版における異同も知ることができる。
また、本書で何度か引用した『解体新書』については、中村学園大学図書館ホームページで公開されていて（http://www.lib.nakamura-u.ac.jp/yogaku/kaitai/index.htm）、全ページを PDF で読むことができる。
『聖書』の翻訳に関しては、原則として、新共同訳に従ったが、用字用語については、本文の表記に揃えた。新共同訳そのものは、日本聖書協会のホー

参考文献

本書は専門論文ではなく、一般向けの読み物なので、あまり詳細な文献表を掲げることはせず、ひろく生物学の翻訳に関係した文献、あるいは集中的に参考にした書籍のみを、主な分野別に掲げることにする。

［動植物名の検索］

ふつうに出てくる動植物名は、大きな英和辞書（研究社の『新英和大辞典』や『リーダーズ英和辞典』、小学館の『ランダムハウス英和大辞典』など）には、ほとんど収録されているので、丁寧に辞書を引きさえすれば、正しい和名にたどりつける。

ふつうの辞書に出てこないようなマイナーな英語の生物名が使われている場合、まずおおまかな分類群を推定しなければならない。動物であれば、哺乳類、鳥類、爬虫類、両生類、魚類、昆虫、その他の無脊椎動物、植物であれば、木本、草本、シダ植物、菌類といった区分のどこに入るものかをつきとめ、そのあと、個別の専門図鑑にあたるしかない。哺乳類と鳥類については、つぎの２つの辞典でことたりる。

『世界哺乳類和名辞典』（今泉吉典監修、1988 年、平凡社）

世界の哺乳類全種の学名、和名、英名が分類体系順に与えられており、形態・分布などの特徴が書かれている。索引が充実しているので、英名から動物名を検索するのには非常に便利。ただし、刊行から年数がたっているので、一部、現行の分類と異なるところはあるが、基本的には、これがあれば哺乳類名の翻訳には困らない。

『世界鳥類和名辞典』（山階芳麿著、1986 年、大学書林）

世界の鳥類全種の学名、和名、英名、および分布が与えられている。やはり索引が完備しているので、英名から鳥類和名を検索するのに便利。鳥類は大きな分類体系の変更がないので、現在でもほとんど問題がない。

哺乳類と鳥類以外では、ペットや園芸植物の特定の分野を除けば、ほとんどの分類群で世界の全種が記載されているわけではなく、日本で刊行されている図鑑で、外国産のものに詳しいものは少ない。そのため、英名から直接に和名にたどりつくのはむずかしい。そこで、まず英名から正式な学名を知ることが重要になる。たとえば魚類であれば、Joseph S. Nelson "Fishes of the World"（Wiley-Interscience publication 最新のものは2006年刊行の第4版）で、学名を調べてから、日本の魚類図鑑を当たるといった工夫が必要になる。

最近ではインターネット上の情報が充実し、英名から和名を検索する作業は、比較的簡単にできるようになっている。ただし、ネット情報のつねではあるが、信頼性には大きなばらつきがある。学会などが運営しているサイトであれば問題がないが、個人のサイトでは誤った和名が与えられていること

利他的な altruistic 119-122
竜脚類 sauropoda 106, 107
竜盤類 Saurischia 106
両価性 ambivalence 127, 128
両生類 amphibia 127
両面価値 ambivalence 127, 128
リリーサー releaser 130, 131
臨界期 critical period 129
林冠 canopy 62
リンゴの絞りかすハエ pomace fly 22
林床 forest floor 62
鱗屑 dander 75
リンネ協会 Linnean Society of London 185, 186

【る】
類人猿 ape 111-113, 148
累層 formation 104
ルリカケス Loo-choo kashi-dori 5

【れ】
霊長目 Primates 89
羚羊 antelope 34, 35
レズビアン lesbian 135, 177
劣性 recessive 118
劣生学 dysgenetics 116

【ろ】
ロイヤル・ソサエティ The Royal Society 183-185
老化遺伝子 senescence gene 81
老人学 gerontology 82
老人病学 geriatrics 82
濾過性病原体 filterable virus 175
ロバ jackass 34
ロビン robin 28, 29
ロボット robot 183
ロンドン動物学協会 Zoological Society of London 186

【わ】
惑星協会 The Planetary Society 185
ワクチン vaccine 87
ワスレナグサ forget-me-not 46

ブラウザー browser 149
篩い分け sort out 99
プレーリードッグ prairie dog 17
分化 differentiation 103, 132, 157

【へ】
ペット商 naturalist 59
ヘテロ（異型）接合体 heterozygote 177
変化を伴う由来 descent with modification 162
変換（変圧）transformation 161
変形規則 transformation 161
変態（変身）metamorphosis 160-163
弁別 discrimination 132

【ほ】
望遠鏡 glasses 5
放射性 radio 70, 71
放射線（放散）radiation 103
ホオジロザメ great white shark 14
ホソソメワケベラ bluestreak cleaner wrasse 96
ホメオパシー homeopathy 178, 179
ホメオパス homeopath 178, 179
ホモ homo 176
ホモセクシャル homosexual 153, 176-178
ホモ（同型）接合体 homozygote 177, 178
ホロコースト holocaust 117
ホロホロチョウ guinea fowl 19, 20
ホンソメワケベラ bluestreak cleaner wrasse 96

【ま】
薪 firewood 60
マニュアル manual 180-182
マヒマヒ dolphin 27
魔法の弾丸 magic bullet 164
マミジロヒタキ white-browed robin 29
マルハナバチ bumle-bee 31
マンゴーメロン vine peach 52

【み】
ミシン machine 169
ミズナラ材 Japanese oak 41
マニュプレーター manipulator 181
ミバエ fruit fly 21
ミミクリー mimicry 143
ミメーシス mimesis 143
ミヤマガラス the Rook 30

民族衛生学 Rassenhygiene 116
民族浄化 ethnic cleansing 117

【む】
虫歯 dental caries 75
無線通信機 radio 71
胸赤 redbreast 28

【め】
眼鏡 glasses 5
めくら blind 93, 94
メクラウナギ hagfish 92, 94
メジナ虫 guinea worm 20, 21
免疫 immunity 84-87
免疫学 immunology 85, 86

【も】
森 woods, forest, grove 60-62
モルモット guinea pig 18, 19, 149

【や】
野生生物 wildlife 63, 65
ヤブイヌ bush dog 16
ヤマネコ類 wild cat 17

【ゆ】
優性 dominant 118
優生学 eugenics 115-117
有袋目 Marsupialia 89

【よ】
翼竜 pterosaur, winged lizard 107
予後 prognosis 75
ヨーロッパヤマネコ wild cat 17

【ら】
ライオン big cat 17, 100, 150, 151
ライフ life 63
藍色細菌 blue-green algae 108
藍藻 blue-green algae 108, 110
ランニングマシーン treadmill 70

【り】
リカオン African wild dog, hunting dog 15, 16
理学博士 doctor of philosophy 6
利己的な遺伝子 selfish gene 118, 120

適応放散 adaptive radiation 103
テナガザル類 gibbon 112, 113
テロメア telomere 84
転移（転化）transformation 161
天災説 catastrophism 101
テンジクネズミ guinea pig 18, 50
転身 metamorphosis 160
転成 evolution 162
電波発信機付きの首輪をした radio-colored 70
天変地異説 catastrophism 101-103

【と】
ドイツスズラン lily of the valley 45
同音異義語 homonym 178
統制群 control group 124, 126
同定 identification 136
動物形態観 zoomorphism 146
動物行動学 Ethology 119, 130
動物相（動物群）fauna 111, 154, 155
齢 age 81
トラ big cat 17
トリソミー trisomy 158

【な】
内婚 interbreeding 152, 153
内婚 endogamy 153
ナイチンゲール nightingale 30, 31
ナガイモ cinnamon vine 52
ナズナ（ぺんぺん草）shepherd's purse 46, 64
ナチュラリスト naturalist 58
ナチュラル・ヒストリー natural history 57, 58

【に】
二価 bivalence 127
二重盲検法 double-blind trials 126
二度なし non-recidive 85-87
二倍体 diploid 156-159
人間中心主義 anthropocentrism 148
認知症 dementia 137-139

【ぬ】
ヌタウナギ hagfish 92, 93

【ね】
ネコ属 Feris 90
ネコ目 Carnivora 88-91, 150
ネナシカズラ love vine 52
ネバネバ藻 slime algae 109

【の】
ノウサギ属 hare 32
農薬 pesticide 67
野のゆり lilium convallium 45
野良犬 wild dog 17
野良猫 wild cat 17

【は】
配偶者選択 mate choice 100
倍数体 polyploid 159
剥製師 naturalist 59
博物学 natural history 56-58
博物学者 naturalist 15, 58, 101, 107, 143, 189, 190
禿鷹 vulture 36
兀鷹 bald headed vulture 36
ハダカデバネズミ naked mole rat 22, 23
発火 fire 77-81
発射レベル firing level 78
発達 development 81
ハナミズキ flowering dogwood 48, 49
ハプロイド haploid 156
汎化（般化）generalization 131, 132
反偽薬 nocebo 126
反芻亜目 Ruminantia 149
反芻動物 ruminant 149
ハンドウイルカ（バンドウイルカ）bottlenose 95
半（数）倍数性決定 haplo-diploid sex determination 157

【ひ】
ビタミン vitamin 172
ヒマラヤスギ cedar 42
貧歯目 Edentata 89

【ふ】
フウセンカズラ balloon vine 52
フォックスフェイス foxface 47
輻射 radiation 103
フクロテナガザル類 siamang 112
ふけ dander 75
物理学 physics 3, 6, 103, 124
ブドウ grape vine 52
ブドウ酒 wine 49-52
踏み車 treadmill 69, 70

自然主義的誤謬 naturalistic fallacy 59
自然淘汰（選択）natural selection 98-100
実験群 experimental group 124-126
慈悲殺 mercy killing 117
社会生物学 sociobiology 131
ジャックウサギ jackrabbit 34
獣脚類 teropoda 106, 107
樹冠 crown 62
種子食者 seed-eater 149
種痘 vaccination 85-87
棕櫚 palm 43, 194
順応 accommodation 133
順化 acclimation 133
純系 pure line 153
橡樹 oak 40
ショウジョウバエ fruit fly 21, 22, 153
食虫目 Insectivora 89
食肉目 Carnivora 88-90, 150
植物食者 phytophage 148, 150
植物相 flora 154, 155
食糞 coprophagy 149
除草剤 herbicide 67
白嘴鴉 the Rook 30
シラボシヤブコマ starred robin 29
白ウサギ white rabbit 33
進化 evolution 162
神経行動学 neuroethology 131
侵襲 invasion 75
人種差別 racial discrimination 132
神人同形同性説 anthropomorphism 145, 146
森林限界 forest line, forest limit 62

【す】
スズメバチ hornet 31
スズラン lily of the valley 44-46
酢ハエ vinegar fly 22
刷り込み imprinting 128, 129

【せ】
斉一説 uniformitarianism 102, 103
性差別 sex discrimination 132
生存競争 struggle for existence 120, 164
生態学 ecology 5
成長 growth 81
性同一性障害 gender identity disorder 134-137
性淘汰 sexual selection 100
生物学 biology 5
生物進化説（生物変移説）transformism 162
生物相（生物群）biota 154, 155
セイヨウスギ cedar 42
セコイア red wood 38
セコイアデンドロン giant sequoia, big tree 38
接眼鏡 binocular 71
セミ locust 26, 27
繊維（線維）fiber 75-77
漸進説 gradualism 102, 133
漸成説 epigenesis 133

【そ】
憎悪 exacerbation 75
双眼鏡 binocular 71
草食動物（草食獣）herbivore 148-151
相同 homology 178
早発性痴呆 demence precoce, dementia praecox 139

【た】
大惨事 catastrophe 101
対照群 control group 124-127
対照実験 control experiment 125, 126
谷間の百合 lily of the valley 44, 45
タヌキ raccoon dog 16
タバコ Indian weed 51
断続平衡説 punctuated equilibrium theory 103

【ち】
地殻の大変動 cataclysm 101
チーク Indian oak 51
地層 stratum, rock stratum 103, 104, 114
鳥盤類 Ornithischians 106

【つ】
つぐみ blackbird 30
ツゲ属の木 box tree 38
ツタ Japanese ivy 52, 53
ツタカエデ vine maple 52
蔦葛 ivy and vine 52
ツノナス（角茄子）foxface 47
つる植物 vine 51-53
ツルハナナス potato vine 52

【て】
ディプロイド diploid 156

擬人主義嫌い anthropomorphismphobia 148
擬鼠主義 ratomorphism 147
キヅタ類 ivy 52, 53
奇蹄目 Perissodactyla 89
擬動物主義（擬動物観）zoomorphism 146
ギニア豚 guinea pig 18
ギニア虫 guinea worm 20
偽薬 placebo 126, 179
キューティクル cuticle 168
郷土植物 native plant 65
恐竜 dinosaurus 104-108
魚竜 Ichthyosaurus 107
キリスト友会 Society of Friends 185
近交系 inbred line 153
近交弱勢 inbreeding depression 153
キンレンカ Indian cress 51

【く】
偶蹄目 Artiodactyla 89
草の葉食い grazer 149
クチクラ cuticle 168
首長竜 Plesiosaurus 108
クマバチ（熊蜂）carpenter bee, bumle-bee 30, 31
グレイザー grazer 149
クロウタドリ（黒歌鳥）blackbird 30
黒鶫 blackbird 30
クロヤブコマ black bush robin 29
訓化（慣れ）habituation 132

【け】
ゲイ gay 177
警戒声 warning call, alarm（ing）call 144
警告色（警戒色）warning color 142-144
形而下学 physics 6
形而上学 metaphysics 6
形相 form 162
激変説 catastrophism 101
齧歯目 Rodentia 90
原稿 manuscript 181
顕微鏡 glasses 5
原理主義 fundamentalism 68

【こ】
公害 pollution 66, 67
抗加齢 anti-aging 83
抗菌剤 antibiotics 164
抗菌物質 antibacterial 163
後成説 epigenesis 133, 163
抗生物質 antibiotics 163-165
公的生活妨害 public nuisance 66
行動生態学 behavioral ecology 131
刻印づけ imprinting 128, 129
ココヤシ coconut palm 43
コナラ oak 39
木の葉食い browser 149
コマツグミ American robin 29
駒鳥 robin 28
コマドリ Japanese robin 29
固有種 endemic species 63
昆虫食者 insectivore 150

【さ】
栽培植物 domestic plant 65, 153
サイバネティック生物 cybernetic organism 183
細胞 cell 5, 109, 156, 161, 195, 196
サイボーグ cyborg 183
在来種 native species 64, 65
在来植物 native plant 65
酒ハエ wine fly 22
殺菌剤（菌類用）fungicide 67
殺菌剤（昆虫用） insecticide 67
殺菌剤（細菌用）bactericide 67
殺菌剤（線虫類用）nematicide 68
殺菌剤（軟体動物用）molluscicide 68
雑種犬 interbreed dog 152
雑食動物 omnivore 151
殺鼠剤 rodenticide 67
殺虫剤 pesticide 67
サバクトビバッタ locust 25
差別 discrimination 132, 140
サル ape, monkey 111-113
三価 trivalence 127

【し】
シアノバクテリア cyanobacteria 108-111
シイラ dolphin 27
シカ stag 35
ジギタリス（キツネノテブクロ）foxglove 47
自生植物 native plant 65
自然愛好家 naturalist 58
自然史博物館 natural history museum 57
自然主義 naturalism 59

索　引

【あ】
曖昧さ ambiguity 128
アカヒゲ Ryukyu robin 29
アシカ sea lion 5, 88, 150
アフリカトノサマバッタ locust 25
アフリカ野生犬 African wild dog 15
アマミノクロウサギ Amami rabbit 33
アメリカキササゲ Indian bean 51
アメリカネズコ western red cedar 42
アメリカハナミズキ flowering dogwood 47, 48
アメリカヤマボウシ flowering dogwood 48
アンチエイジング anti-aging 83
アンドロイド android 183
安楽死 euthanasia 117

【い】
イエズス会 Society of Jesus 185
一重盲検法 single-blind trials 126
一価 monovalence 127
逸出種 escaped species 64
一体感 identity 136
一般化 generalization 131, 132
遺伝子 gene 5, 169
遺伝子座 locus 177
イナゴ locust 24-26, 194
イヌ科 Canidae 15-17, 88-91
イルカ dolphin 27
インドヒタキ black-backed robin 29
インプリンティング imprinting 128

【う】
ウイルス virus 87, 174, 175
鶯 nightingale 31
ウサギ hare 32
齲歯 dental caries 74
疑いの眼差 suspicious look 144

【え】
英国学士院 British Academy 184
英国空軍 Royal Air Force 185
英国国歌 Royal Anthem 185
エイジング aging 81
エソロジー（動物行動学）Ethology 119, 130, 131
猿人 ape man 113, 115

【お】
黄金色の魚（シイラ）dorado 27
オジギソウ humble plant 38
悪心 nausea 75
汚染 pollution 66
オートマチック automatic 180, 182
オートマトン automaton 182
オルガン organ 169

【か】
会計士協会 Society of Accountants 185
外国人 foreigner 61
外婚 exogamy 152
解発 release 130, 131
外来種 introduced species 47, 50, 63, 64
解離性同一性障害 dissociative identity disorder 136
カシ（樫）oak 38-41
果実食者 fruit-eater 149
樫の木 oak tree 38-40
カシワ（槲）oak 39, 41
カスミソウ baby's breast 46
家畜 domestic animal 65, 154
家畜栽培化 domestication 65
カラシナ Indian mustard 51
ガラス glass 5
加齢 aging 81-83
加齢医学 Geriatric Medicine 82
カレドニアキバラヒタキ yellow-bellied robin 29
寛解 remission 75
観血的 bloody 75
感受期 sensitive period 129
岩石 rocks 104

【き】
木 wood, tree 60
キアシヒタキ pale yellow robin 29
ギアナ Guiana 18
帰化植物 naturalized plant 64
帰化動物 naturalized animal 64
器官 organ 169
擬人観 anthropomorphism 145, 146
擬人主義 anthropomorphism 145-148

著者
垂水雄二（たるみ ゆうじ）
1942年、大阪生まれ。翻訳家。京都大学大学院理学研究科博士課程修了。出版社勤務を経て、1999年よりフリージャーナリスト。著書に『やぶにらみ生物学』（ACORN、1985）、訳書に『利己的な遺伝子』（共訳、紀伊國屋書店、1991）『祖先の物語　上・下』（小学館、2006）『生命進化の物語』（八坂書房、2007）『ヒトのなかの魚、魚のなかのヒト』（早川書房、2008）など多数

悩ましい翻訳語 —科学用語の由来と誤訳—

2009年11月25日　初版第1刷発行

著　者　垂水雄二
発行者　八坂立人
印刷・製本　シナノ書籍印刷（株）

発行所　（株）八坂書房
〒101-0064 東京都千代田区猿楽町1-4-11
TEL.03-3293-7975 FAX.03-3293-7977
URL.: http://www.yasakashobo.co.jp

ISBN 978-4-89694-946-9